# 巧学
## 音视频技术 ▶

郑 静·主编

 化学工业出版社

·北京·

## 内容简介

本书共六章,从走进音视频技术切入,分别介绍了音视频技术的概念、音响设备常用连接头、常用的音频线材、线材的制作、线材测试和焊接标准。

本书内容浅显易懂,通过大量图片和操作指导,将音视频制作接头过程用的材料与制作方法逐一讲解,有助于学生完成各种复杂的接线工作。它紧密结合生活及工作,无论是专业人士还是非专业人士使用,都易学易懂。

本书可作为中等职业院校、高等职业院校音视频布线技术相关课程的基础教材,也可以作为初学者学习音视频布线技术的参考书。

**图书在版编目(CIP)数据**

巧学音视频技术/郑静主编. —北京:化学工业
出版社,2021.8 (2024.7重印)
ISBN 978-7-122-39354-8

Ⅰ.①巧… Ⅱ.①郑… Ⅲ.①音频技术 Ⅳ.
①TN912

中国版本图书馆CIP数据核字(2021)第120519号

---

责任编辑:李仙华　　　　　　　　　　文字编辑:毛亚囡
责任校对:宋　玮　　　　　　　　　　装帧设计:史利平

---

出版发行:化学工业出版社(北京市东城区青年湖南街13号　邮政编码100011)
印　　装:北京盛通数码印刷有限公司
710mm×1000mm　1/16　印张6　字数104千字　2024年7月北京第1版第2次印刷

---

购书咨询:010-64518888　　　　　　　售后服务:010-64518899
网　　址:http://www.cip.com.cn
凡购买本书,如有缺损质量问题,本社销售中心负责调换。

---

定　价:32.00元　　　　　　　　　　　版权所有　违者必究

# 编写人员名单

**主　编：** 郑　静

**副主编：** 张　博　　赵建屏　　朱登明

**参　编（参编人员按拼音排序）：**

陈　鹏　　陈双振　　崔　航　　韩永涛

胡　聪　　霍天天　　姜宇航　　李北缘

李培煊　　刘浩然　　孙嘉豪　　唐宇翔

汪　超　　徐　嘉　　杨　帆　　赵明月

朱俣萌

# 前　言

本书根据技工院校教学改革和教学实际编写，结合企业工作实际需要，突出实用性与技能性，注重培养学生动手能力。

一套音响设备，无论是专业系统还是非专业的民用音响设备，除了设备本身外，还需要各种连接线材将设备进行连接才能够使用。

民用的设备从简单的DVD机到一套组合音响的线材都是附带的，不用额外购买或制作。但一套专业的扩声或VOD工程，由于安装环境的不同，其使用的线材都是需要施工人员自己进行制作的，一根完整的线材是由连接插头和线组成的。通过本书的学习，可以学会如何制作插头。

在内容安排上，各院校根据培养方案的差异，可适当调整学时。本书由北京市工贸技师学院郑静任主编，北京北奥大路舞台艺术设计制作有限公司张博、赵建屏、朱登明任副主编。感谢给予技术支持的北京北奥大路舞台艺术设计制作有限公司。

由于时间仓促，编者水平有限，书中难免存在不妥之处，敬请广大读者批评指正。

编　者

2021年6月

# 目　录

# 引言
## 走进音视频技术

 **学习准备**

　　观看北京北奥大路舞台艺术设计制作有限公司的优秀舞台作品，如图 0-1～图0-11所示，让大家目睹更多的舞台、灯光效果。

图0-1　青春万岁–五四接力

图0-2　把非遗带回家

图 0-3　对话

图 0-4　海豚剧场《蓝岛之梦》舞台布景

图 0-5　红色书信品读

图0-6 《和平颂》交响合唱音乐会

图0-7 奇幻剧场《大西洋底的秘密》舞台布景

图0-8 微光慈善云直播音乐会

图0-9　星光大道

图0-10　一槌定音

图 0-11 摘星小镇开业仪式暨系列活动

通过观看以上精彩图片，你肯定想知道演出活动的策划过程，一般的演出活动流程如下：

① 根据需求编写策划方案，设计 3D 图（导演组）；

② 勘测现场，结合场馆图，准备场地布置工作，在指定的地点搭建舞台（幕布制作、安装音响等一切演出设施），确保场地安全及舞台安全；

③ 灯光设备调试；

④ 音响设备调试；

⑤ 准备就绪。

作为初学者，要从线材、连接头、线材制作、测试等基础知识学起，为准备完整的灯光、舞台秀做基础。

 **学习目标**

【知识目标】

1. 线材的组成；

2. 视频工程中设备的输入、输出信号种类；

3. 音频信号的分类；

4. 平衡信号、非平衡信号。

【能力目标】

1. 能描述卡侬插头的应用；

2. 能描述大三芯插头的应用；

3．能描述大二芯插头的应用；

4．能描述小三芯插头的应用；

5．能描述莲花接头的应用；

6．能描述双绞线的应用。

 **学习过程**

专业音响设备系统和非专业的民用音响设备，需要各种连接线材将设备进行连接才能够使用。

简单的DVD机、组合音响的线材是附带的，不需要购买或制作；专业的扩声或VOD工程所使用的线材是需要施工人员进行制作的。

一根完整的线材是由连接插头和线组成的，下面学习连接插头和线。

# 0.1 常用音视频设备的连接插头

在一个音视频工程中，设备的输入、输出信号种类可分为音频信号和视频信号。音频信号根据阻抗的不同大致可分为平衡信号和非平衡信号，音源设备如DVD机、卡座、CD机的输出多为非平衡信号。

连接插头也有平衡和非平衡之分，平衡插头为三芯结构，非平衡插头为二芯结构。音频插头中有一种功放与音箱连接用的专用插头，这种插头常见的为四芯结构，也有二芯、八芯的，又因为是瑞士NEUTRIK（纽垂克）公司发明的，因此又称为"NEUTRIK（纽垂克）插头"或"四芯（二芯、八芯）音箱插头"。

## 0.1.1 常用的平衡插头

① 卡侬插头（XLR）：卡侬插头（简称卡侬头）分为卡侬母头（XLR Female）和卡侬公头（XLR Male），如图0-12所示。卡侬头公、母的辨别很简单，带"针"的为公头，带"孔"的为母头。很多音响设备的输入、输出端口为卡侬插头。卡侬插头通常用在调音台、麦克风、电吉他等音响设备上的输入、输出端口中。

② 大三芯插头（Phone Jack Balance）：如图0-13所示。

现在设备中的平衡传输常用TRS大三芯插头座，其中T接信号高端（热端，同相端），R接信号低端（冷端，反向端），S接屏蔽（地）。

大三芯插头外形图如图0-14所示。

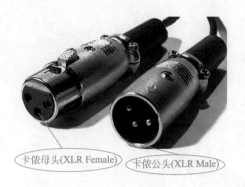

卡侬母头(XLR Female)　　卡侬公头(XLR Male)

图 0-12　卡侬插头　　　　　　　　　　　图 0-13　大三芯插头

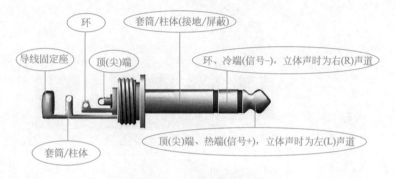

环

套筒/柱体(接地/屏蔽)

导线固定座　　顶(尖)端　　环、冷端(信号-)，立体声时为右(R)声道

顶(尖)端、热端(信号+)，立体声时为左(L)声道

套筒/柱体

图 0-14　大三芯插头外形图

大三芯插头内部图如图 0-15 所示。

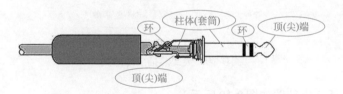

环　柱体(套筒)　　环　顶(尖)端

顶(尖)端

图 0-15　大三芯插头内部图

大三芯插头线如图 0-16 所示。

图 0-16　大三芯插头线

### 0.1.2 常用的非平衡插头

① 大二芯插头（Phone Jack Unbalance）：如图0-17所示。

非平衡传输常用大二芯插头（TS），其中T接信号端，S接信号地。

大二芯插头外形图如图0-18所示。

图0-17 大二芯插头

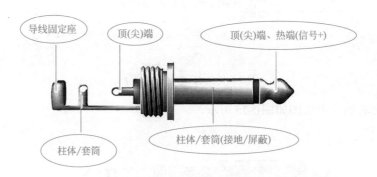

图0-18 大二芯插头外形图

大二芯插头内部图如图0-19所示。

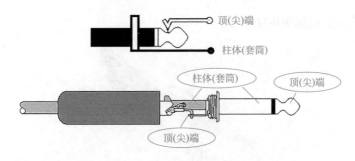

图0-19 大二芯插头内部结构图

大二芯插头线如图0-20所示。

② 小三芯插头：如图0-21所示。

图0-20　大二芯插头线　　　　　　　　　　图0-21　小三芯插头

　　小三芯插头线如图0-22所示，多用于电脑及便携式音源（便携CD、MP3等）的音频信号输出。小三芯插头外观与大三芯插头类似，只是体积要比大三芯插头小。小三芯插头为三芯结构，前面说过三芯结构的为平衡插头，但在通常的音响工程中，将小三芯插头归入了非平衡插头之列。

　　③ 莲花插头（RCA）：如图0-23所示。

图0-22　小三芯插头线　　　　　　　　　　图0-23　莲花插头（RCA）

　　莲花插头线如图0-24所示。RCA插头适用于VCD机、DVD机、电视机、收录机、CD机等与音响、功放机、调音台之间的连接并传输它们的音频信号，广泛用于录音棚、舞台音响、视频影音系统。

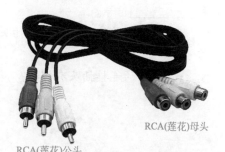

RCA(莲花)母头

RCA(莲花)公头

图0-24　莲花插头线

# 0.2　双绞线

双绞线（Twisted Pair，TP）如图0-25所示，是一种综合布线工程中最常用的传输介质，是由两根具有绝缘保护层的铜导线组成的。

图0-25　双绞线

## 练习

1. 一根完整的线材是由_____和_____组成的。

2. 现在设备中的平衡传输常用TRS大三芯插头座，其中T接_____ _____（热端，同相端），R接_____（冷端，反向端），S接_____（地）。

3. 音频信号根据阻抗的不同大致可分为_____信号和_____信号。

4. 在一个音视频工程中，设备的输入、输出信号种类可分为_____信号和_____信号。

5. 非平衡传输常用大二芯插头（TS），其中_____接信号端，_____接信号地。

6. 常用的连接插头有哪些？

# 第1章
# 音视频技术概述

音视频技术其中的一项就是接线，需要对所使用的材料有一定的了解，以便进行接线工作。

## 1.1　线缆

线缆组成部分见图1-1，具体介绍如下。

① 铜质绞合导线束。铜质绞合导线束是线缆中独立的铜质绞合导线。

② 导线（导线+外套）。导线由铜质绞合导线束组成，被包裹在一个绝缘外套之中。

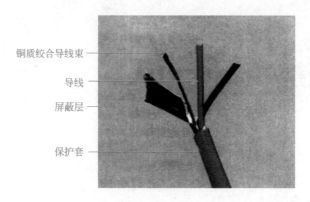

铜质绞合导线束———

导线———

屏蔽层———

保护套———

图1-1 线缆组成

③ 屏蔽层——在这个例子中采用的是金属涂层聚酯膜屏蔽层。屏蔽层为包裹在内部导线之外的金属导电层，主要用于降低干扰噪声。

④ 保护套。

铜质绞合导线束如果外部包裹绝缘外套后，可以定义为导线。导线和屏蔽层及外部的保护套组合在一起就构成线缆。线缆组合在一起就成了配线或电缆，如图1-2所示。

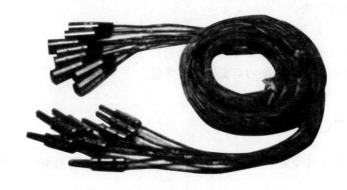

图1-2 电缆

## 1.2 线缆制作工具

### 1.2.1 尖嘴钳

尖嘴钳（图1-3）也称为"修口钳""尖头钳"，由尖头、刀口和钳柄组成。电工用尖嘴钳一般由45钢制作，类别为中碳钢，含碳量0.45%，韧性硬度都合适。

用途：尖嘴钳是一种常用的钳形工具，主要用来剪切线径较细的单股与多股线，以及给单股导线接头弯圈、剥塑料绝缘层等，能在较狭小的工作空间操作，钳柄上套有额定电压500V的绝缘套管。不带刃口者只能用于夹捏工作，带刃口者能剪切细小零件。它是电工尤其是内线器材等装配及修理工作常用的工具之一。

图1-3 尖嘴钳

### 1.2.2 偏口钳

偏口钳又称为"斜口钳"，如图1-4所示，主要用于剪切导线和元器件多余的引线，还常用来代替一般剪刀剪切绝缘套管、尼龙扎线卡、扎带等。

特点：在要求防静电的场合，用于剪切不同硬度的电线细丝；具有防静电功能、静电缓释功能，可保护精密敏感的电子器件；夹持面抛光，手柄符合人体工程学设计，握感舒适。

图1-4 偏口钳

### 1.2.3 螺丝刀（螺钉旋具）

螺丝刀（图1-5）是一种用来拧转螺钉以迫使其就位的工具，有一个薄楔形头，可插入螺钉头的槽缝或凹口内，也称为"改锥""起子""改刀""旋凿"。

螺丝刀主要有一字（负号）和十字（正号）两种。常见的还有六角螺丝刀，包括内六角和外六角两种。

图1-5 螺丝刀

### 1.2.4　剥线钳

剥线钳（图1-6）用来供电工剥除
电线头部的表面绝缘层。剥线钳可以使
得电线被切断的绝缘皮与电线分开，还
可以防止触电。

使用要点：要根据导线直径选用剥
线钳刀片的孔径。

使用方法：根据缆线的粗细型号选

图1-6　剥线钳

择相应的剥线刀口，将准备好的电缆放在剥线工具的刀刃中间；选择好要剥线
的长度，握住剥线工具手柄，将电缆夹住，缓缓用力使电缆外表皮慢慢剥落；
松开工具手柄，取出电缆线，这时电缆金属整齐地露在外面，其余绝缘塑料完
好无损。

### 1.2.5　镊子

镊子用于夹取块状药品、金属颗粒、毛发、细刺及其他细小东西，也可用
于手机维修，用它夹持导线、元件及集成电路引脚等。不同的场合需要不同的
镊子，一般要准备直头、平头、弯头镊子各一把。化学中使用的镊子不可使其
加热，不可夹酸性药品，用完后必须使其保持清洁。

### 1.2.6　电烙铁

电烙铁（图1-7）主要用来焊接元
件及导线，是电子制作和电器维修的必
备工具。电烙铁按不同标准分类不同，
按机械结构可分为内热式电烙铁和外热
式电烙铁，按功能可分为无吸锡式电烙
铁和吸锡式电烙铁，按用途可分为大功
率电烙铁和小功率电烙铁。

图1-7　电烙铁

### 1.2.7　万用表

如图1-8所示为万用表。

（1）电压的测量

① 直流电压的测量　如图1-9所示。首先将黑表笔插进"COM"孔，红表
笔插进"VΩHzC"孔，把旋钮拨到比估计值大的量程，接着把表笔接电源或电
池两端，保持接触稳定。可以直接从屏幕上读取数值，若显示"1"，则表明量

图1-8 万用表

图1-9 直流电压的测量

程太小，需要加大量程。如果在数值左边出现"–"，则表明表笔极性与实际电源极性相反，此时红表笔接的是负极。

② 交流电压的测量 表笔插孔与直流电压的测量一样，不过应该将旋钮拨到交流挡"V ～"处所需的量程。

交流电压无正负之分，测量方法与前面相同。无论测交流还是直流电压，都要注意人身安全，不要随便用手触摸表笔的金属部分。

（2）电流的测量

① 直流电流的测量 先将黑表笔插入"COM"孔。若测量大于200mA的电流，则要将红表笔插入"20A"插孔并将旋钮拨到"20A"挡；若测量小于200mA的电流，则将红表笔插入"mAC"插孔，将旋钮拨到直流200mA以内的合适量程，调整好后，就可以测量。万用表串进电路中，保持稳定，即可读数。若显示为"1"，要加大量程；若数值左边出现"–"，则表明电流从黑表笔流进万用表。

② 交流电流的测量 测量方法与直流相同，不过挡位应该拨到交流挡位，电流测量完毕后应将红表笔插回"VΩ HzC"孔，否则万用表将报废。

（3）电阻的测量

将表笔插进"COM"和"VΩ HzC"孔中，把旋钮拨到"Ω"中所需的量程，用表笔接在电阻两端金属部位进行测量。测量中可以用手接触电阻，但不要用手同时接触电阻两端，否则会影响测量精度。

（4）二极管的测量

数字万用表可以测量发光二极管、整流二极管等。测量时，表笔位置与电压测量一样，将旋钮拨到相应按钮上，用红表笔接二极管的正极，黑表笔接负极，如图1-10所示。

图 1-10　二极管的测量

# 1.3　焊接

工具：电烙铁、焊锡丝、焊锡膏（或松香），如图1-11所示。

等电烙铁达到一定温度后，在烙铁头上点上松香（图1-12），再点上焊锡。

图 1-11　焊接工具

图 1-12　融松香

先在需要焊接的线上点上松香，再点上焊锡，如图1-13所示。

然后焊在需要焊接的元器件上面，如图1-14所示。注意速度要快，否则温度过高容易烧毁元器件。

图1-13　焊锡

图1-14　焊接

　　电烙铁不用的时候，在烙铁头上点上焊锡（防止烙铁干烧）。助焊剂尽量使用松香，因为焊锡膏具有腐蚀性。

　　注意使用后将电烙铁断电，如图1-15所示。

图1-15　断电

## 练习

1. 线缆组成部分：铜质绞合导线束、_____、_____、保护套。

2. 电烙铁按机械结构可分为_____和_____，按功能可分为_____和_____，按用途可分为_____和_____。

3. 直流电压的测量：首先将黑表笔插进_____孔，红表笔插进_____，把旋钮拨到比估计值大的量程，接着把表笔接_____，保持接触稳定。可以直接从屏幕上读取数值，若显示_____，则表明量程太_____，需要加大量程。如果数值左边出现_____，则表明表笔极性与实际电源极性相_____，此时红表笔接的是_____。

4. 直流电流的测量：先将黑表笔插入_____孔。若测量大于_____mA的电流，则要将红表笔插入_____插孔并将旋钮拨到_____挡；若测量_____200mA的电流，则将红表笔插入"mAC"插孔，将旋钮拨到直流_____mA以内的合适量程，调整好后，就可以测量。万用表_____进电路中，保持稳定，即可读数。若显示为"1"，要加大量程；若数值左边出现_____，则表明电流从黑表笔流进万用表。

5. 注意使用后将电烙铁_____。

6. 描述电烙铁焊接过程。

# 第2章
# 音响设备常用连接头

## 学习准备

　　一根完整的线材由线和接头组成。日常生活中你接触过这些接头吗?

## 学习过程

　　一套可使用的音响设备,需要设备和各种连接线材。专业的扩音或VOD工程,使用的线材需要施工人员自己制作。一根完整的线材是由接头和线组成的。

　　一般音视频设备接口分为"插头"和"插座",实际应用中,由于习惯经常将插头、插座统称为接口或接头。有的又把音视频设备接口称作"公头"(或"阳头")和"母头"(或"阴头")。公头(阳头):带"针"的为"公头"。母头(阴头):带"孔"的为"母头"。

　　音频信号根据阻抗的不同大致可分为平衡信号和非平衡信号,因此,对应信号的连接插头也有平衡和非平衡之分。一般平衡插头为三芯结构,非平衡插头为二芯结构。

## 2.1　圆柱形音频接头

## 学习目标

【知识目标】

1. 各种插头的名称;

2. T、R、S代表的意思;

3. 线头的区别。

【能力目标】

1. 了解各种线头的名称;

2．知道T、R、S分别代表什么意思；

3．可以看图说出线头的名称；

4．区分各个线头的不同之处。

① 模拟音频接口之TRS接口（也称为TRS接头）如图2-1、图2-2所示。

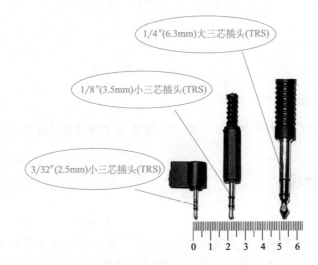

图2-1　TRS接头外形

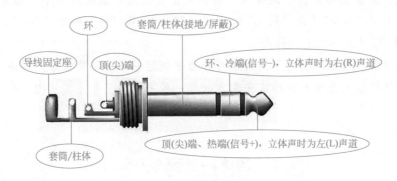

图2-2　TRS接头内部结构

TRS 接头是一种常见的音频接头。TRS 的含义是 Tip（头）、Ring（环）、Sleeve（套筒），即第一字母缩写，分别代表了该接头的3个触点。Tip称为头部信号，也可称为顶端、尖端，通常用于接左声道。Ring称为环信号，通常用于接右声道。Sleeve称为套筒或者接地，通常用于接地。

TRS 接头为圆柱体形状，触点之间用绝缘的材料隔开。为了适应不同的设备需求，TRS 有三种尺寸：1/4in●（6.3mm），1/8in（3.5mm），3/32in（2.5mm）。

---

● 1in=0.0254m。

② 模拟音频接口之TS接口（也称为TS接头）如图2-3所示。

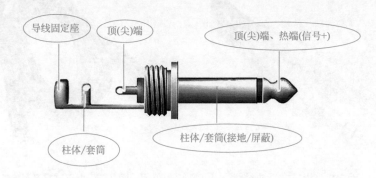

图2-3　TS接头内部结构

③ 大三芯插头（TRS）、大二芯插头（TS）与插座图示如图2-4、图2-5所示。

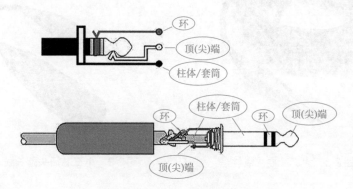

图2-4　大三芯插头与插座图示

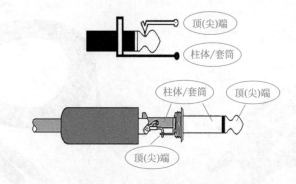

图2-5　大二芯插头与插座图示

④ 常见的大三芯插头（TRS）、小三芯插头（TRS）、大二芯插头（TS）线材，分别如图2-6～图2-8所示，小三芯插头延长线如图2-9所示。

图2-6　大三芯插头线材

图2-7　小三芯插头线材

图2-8　大二芯插头线材

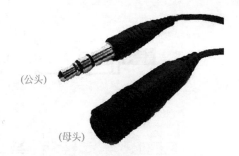

(公头)

(母头)

图2-9　小三芯插头延长线

　　各接头相互转换，大三芯插头-小三芯插头转换如图2-10所示，小三芯插头-大二芯插头转换如图2-11所示。

大三芯插头 ◀━━▶ 小三芯插头

图2-10　大三芯插头-小三芯插头转换

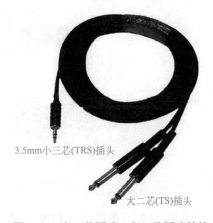

3.5mm小三芯(TRS)插头

大二芯(TS)插头

图2-11　小三芯插头-大二芯插头转换

# 2.2 RCA（莲花）接头

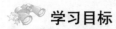 **学习目标**

【知识目标】

1．RCA插头的组成；

2．RCA接口。

【能力目标】

1．了解RCA插头是如何组成的；

2．可以区别各个插口用处和颜色；

3．看图说出线头的名称。

## 2.2.1 RCA（莲花）接头简介

RCA是美国广播公司（Radio Corporation of American）的缩写词，因为RCA接头是由这家公司发明的。

追溯到20世纪40年代至50年代，家庭高保真设备还是一个全新的领域，当美国广播公司需要一种小型、低价接头用于其生产的设备时，市场上没有非常适合他们要求的产品，因此他们设计了一种新型插头，并且最终成为行业标准。

RCA接头是音、视频线的一种，连接头部因比较像莲花，故称"莲花头"，或称为"莲花插头"（英文名称为RCA接头）。

RCA接头适用于VCD机、DVD机、电视机、收录机、CD机等与音响、功放机、调音台之间的连接并传输它们的音频信号，广泛用于录音棚、舞台音响、视频影音系统。

RCA是音频、视频分离的复合接口（音视频复合接口），一般由三个独立的RCA插座组成。其中VIDEO（V端子）是视频信号，为黄色插口；AUDIO（A端子）是音频接口，一般有左、右两个声道接口，左声道（L）用白色或者蓝色标注，右声道（R）用红色标注。莲花接头又叫AV端子（又称复合端子）或AV接口，如图2-12、图2-13所示。

## 2.2.2 常见的RCA（莲花）接头线（AV线）

莲花音频线如图2-14所示；莲花AV线如图2-15、图2-16所示；莲花头单根线如图2-17所示；莲花公头、母头如图2-18、图2-19所示；双莲花-双大二芯插头转换如图2-20所示；莲花插头-小二芯插头如图2-21所示。

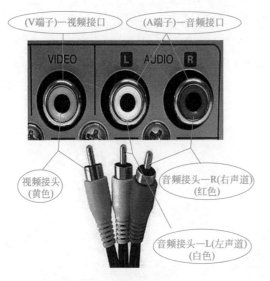

(V端子)—视频接口　　(A端子)—音频接口

视频接头
(黄色)

音频接头—R(右声道)
(红色)

音频接头—L(左声道)
(白色)

图2-12　莲花接头

图2-13　接线端子

图2-14　莲花音频线

图2-15　莲花AV线（1）

图2-16　莲花AV线（2）

图2-17　莲花头单根线

RCA(莲花)母头

RCA(莲花)公头　　AV线

图2-18　莲花公头、母头（1）

RCA(莲花)公头

RCA(莲花)母头　　AV线(一分二)

图2-19　莲花公头、母头（2）

图2-20　双莲花–双大二芯插头转换

RCA(莲花)插头　　　(3.5mm)小二芯(TS)插头

图2-21　莲花插头–小二芯插头

### 2.2.3　常见的RCA（莲花）接头转换线（AV线）

如图2-22～图2-24所示。

左声道
右声道
视频
GND

图2-22　RCA接头转换线（1）

BNC接头

RCA(莲花)接头

图2-23　RCA接头转换线（2）

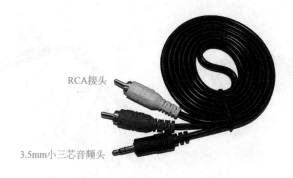

RCA接头

3.5mm小三芯音频头

图2-24　RCA接头转换线（3）

# 2.3　XLR接头（卡侬头）

🔭 学习目标

【知识目标】
1. 卡侬头的英文；
2. 卡侬头针脚的定义。

【能力目标】
1. 了解卡侬头的英文；
2. 了解卡侬头的由来；
3. 了解卡侬头的定义。

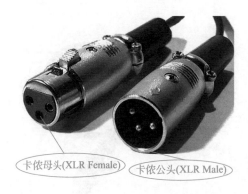

卡侬母头(XLR Female)　卡侬公头(XLR Male)

图2-25　卡侬头

XLR接头俗称卡侬头，如图2-25所示。卡侬头英文为Cannon Plugor Cannon Connector，是因为lame sH.Cannon是卡侬头最初的生产制造商Cannon Electric的创立者，现在该公司被并入ITT公司（美国国际电话电报公司）。

最早的产品是"Cannon X"系列，后来对产品进行了改进，增加了一个插销式锁定装置（Latch），产品系列更名为"Cannon XL"。然后又围绕着接头的金属触点，增加了橡胶封口胶（Rubber Tompound），最后人们就把这三个词（X、Latch、Rubber Tompound）的第一个字母拼在一起，称作"XLR

Connector",即XLR接头。

由于采用了锁定装置,XLR连接相当牢靠。XLR接头通常在调音台、麦克风、电吉他等音响设备的输入、输出端口上都能看到。

XLR接头可以是3脚的,也可以是2脚、4脚、5脚、6脚的。当然,我们使用最普遍的接头是3脚的卡侬头,即XLR3(以下均以3脚的卡侬头为例),如图2-26所示。也有的设备里规定针脚3是热端(+),针脚2是冷端(-),使用时要看清楚说明书。

常见的XLR接头如图2-27所示。

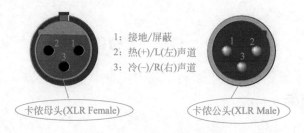

1:接地/屏蔽
2:热(+)/L(左)声道
3:冷(-)/R(右)声道

卡侬母头(XLR Female)　　卡侬公头(XLR Male)

图2-26　卡侬接头内部结构图

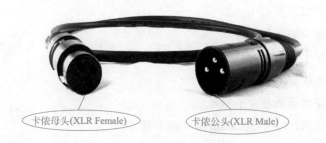

卡侬母头(XLR Female)　　卡侬公头(XLR Male)

图2-27　常见的XLR接头

卡侬头之间的相互转换如图2-28～图2-30所示。

卡侬头　　　小三芯插头

图2-28　卡侬头-小三芯插头转换

卡侬头 ◄──► 大三芯插头

图2-29　卡侬头-大三芯插头转换

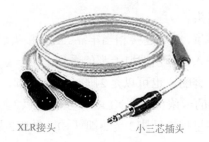

XLR接头　　　　　小三芯插头

图2-30　XLR接头–小三芯插头转换

# 2.4　Speakon接口

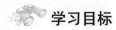 **学习目标**

【知识目标】

1. 扬声器、放大器的连接器含义；

2. 连接器的用处；

3. 各个接口的区别。

【能力目标】

1. 口述连接器的英文名称；

2. 了解连接器的用处；

3. 可以区别出各个Speakon接口的不同。

## 2.4.1　Speakon接口简介

Speakon接口即"扬声器、放大器的连接器"，或者叫扬声器连接器、音频连接器（功放与音箱连接用的专用插头插座接口），是一种音频接口，有的也叫"瑞士头"，见图2-31。

二芯音箱插头

四芯音箱插头

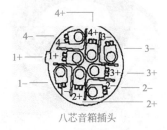

八芯音箱插头

图2-31　Speakon接口

Speakon接口用于各种设备音频的输出，一端插入设备音频口，如功放设备音频输出接口，一端插入音箱等设备输入接口。

Speakon接口是公头和母头配合使用的，其外观基本相同，只有尺寸大小的差异，常见的有2极（二芯）、4极（四芯）、8极（八芯）。通常情况下音箱的Speakon接口为四芯插头，如果是八芯插头音箱后部会有标注。功放输出端的"NEUTRIK"接口输出均为四芯，但只接其中两芯，在通常状态下输出的点位为"+1、−1"（接线柱标识），也有用其他点位的，如"+2、−2"，因此，在用"NEUTRIK"输出时请查看功放输出端的提示。

现实扩音工程中，是否经常遇到喇叭线差一点点不够长呢？

解决办法：利用功放A+B通道，A通道1+、1−信号由A增益旋钮控制，A通道的2+、2−信号由功放B增益旋钮控制，即把B通道的1+、1−内部连接到A通道2+、2−上。从A通道输出的线必须是四芯的，即四条线，两条接1+、1−，两条接2+、2−，如图2-32所示。

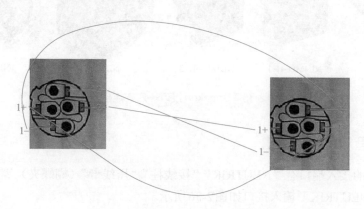

图2-32　四芯Speakon接口连接图

## 2.4.2　Speakon接口

如图2-33～图2- 35所示。

Speakon(音箱插头)　　NLT4FX–BAG　　NLT4MX　　NLT8FX　　NLT8MX–BAG

图2-33　Speakon接口—电缆连接器

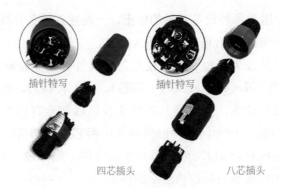

图 2-34　Speakon 接口分解

图 2-35　Speakon 接口—底座连接器

## 2.4.3　音箱的接入端口

音箱的接入端口有"NEUTRIK""接线柱""压线卡"（蝴蝶夹）等。

①"NEUTRIK"输入接口如图 2-36 所示。

②"接线柱"接口如图 2-37、图 2-38 所示。

③"压线卡"（蝴蝶夹）接口如图 2-39 所示。

图 2-36　Speakon 接口（四芯）

图 2-37　"接线柱"接口

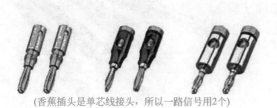

（香蕉插头是单芯线接头，所以一路信号用2个）

图2-38 香蕉接头

图2-39 蝴蝶夹接口

# 2.5 BNC（Q9）接口及其他音频接口

🚗 **学习目标**

【知识目标】

1．BNC接口的定义；

2．BNC接口的应用。

【能力目标】

1．了解BNC接口的定义；

2．了解BNC接口的应用。

## 2.5.1 BNC接口（同轴电缆接头）简介

BNC接口是一种同轴电缆卡环形接口的连接器，如图2-40所示。同轴电缆是一种屏蔽型电缆，其电缆阻抗为75Ω。信号传输时相互干扰少，信号稳定可达到最佳信号响应效果，且有传送距离较长的优点。

BNC接口目前被大量用于通信系统中，在高档的监视器、音响设备中也经常用来传送音频、视频信号。此外，由于BNC接口的特殊设计，连接非常牢固，不必担心因接口松动而产生接触不良现象。BNC接口又称Q9接口。

图2-40 BNC接口

### 2.5.2　香蕉插头

香蕉插头常用在后级输出音箱线（模拟），香蕉插头线材是单芯线接头，如图2-41所示。

### 2.5.3　凤凰接口

凤凰接口如图2-42、图2-43所示，常用于工程安装。

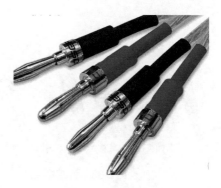

图2-41　香蕉插头

图2-42　凤凰接口

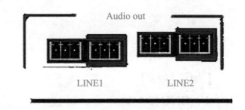

图2-43　凤凰接口—插座

# 2.6　光纤接口

## 学习目标

【知识目标】

1. 光纤、多模光纤、单模光纤；
2. 光模块、光电转换器、光纤收束器；
3. 光纤连接器。

【能力目标】

1. 知道光纤的分类、应用场合；
2. 了解光模块、光电转换器、光纤收束器的作用；
3. 了解光纤收发器的作用。

### 2.6.1　光纤接口简介

光纤（Optical）是一条由玻璃（包括有机玻璃）或塑胶制成的纤维线，是信息通过的传输媒介，因线芯中传输的是光信号，所以又称光导纤维，简称光纤，如图2-44、图2-45所示。

单根光纤结构示意图如图2-46所示，其中：

① 纤芯：光纤的细玻璃中心，光在此中传播。

② 覆层：覆盖纤芯的外部光学材料，可将光反射到纤芯。

③ 缓冲涂层：保护光纤免受损坏和潮湿的塑料涂层。

光纤以光脉冲的形式来传输数字信号（传输原理是"光的全反射"，见图2-47），其带宽高，信号衰减小，用于传输音频、视频信号，目前常用于电信和数据网络系统信号传输。

图2-44　单模光纤（四芯）

图2-45　多模光纤（八芯）

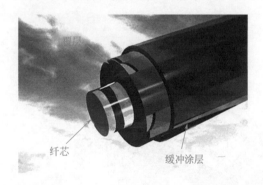

图2-46　单根光纤结构示意图

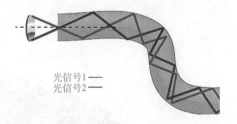

图2-47　光纤的全反射示意图

## 2.6.2　光纤的分类

光纤按传输模式（即工作波长）可分为单模光纤（传导长波的激光）和多模光纤（传导短波的激光）。光纤传输损耗一般随光波长加长而减小。

① 多模光纤（Multi Mode Fiber，MMF）：多模光纤的中心玻璃芯较粗（芯径

一般为50μm或62.5μm），可传输多种模式的光，但其模间色散较大。多模光纤传输的距离比较近，一般只有几千米。中心波长850nm为多模。

多模光纤的光缆皮表面有A1a、A1b标识，常见的多模光纤是A1b光纤。

② 单模光纤（Single Mode Fiber，SMF）：单模光纤的中心玻璃芯很细（芯径一般为8μm、9μm或10μm），只能传输一种模式的光。因此，其模间色散很小，适用于远程通信。中心波长1310nm或1550nm为单模。

单模光纤的光缆皮表面有12D、B1、B1.1、B1.3、B4标识，常见的单模光纤是B1光纤。

相同条件下，纤径越小衰减越小，可传输距离越远。一般传输距离近的用多模光纤，传输距离远的只能用单模光纤。

光纤按照用途场合分为室内光纤和室外光纤，室外光纤有若干较强的各种保护结构层，室内光纤保护结构层较弱，所以很好辨识。室外光纤（光缆）表皮（面）都有符号标识，用来说明光纤的类型。室内单模光纤为"黄色"，室内多模光纤为"橙色"。

### 2.6.3 光模块、光电转换器、光纤收发器

#### （1）光模块

光电转换模块叫作光纤模块器，简称光模块（Optical Module），如图2-48、图2-49所示。光模块的作用就是实现"光信号"与"电信号"的转换（光电转换），发送端把电信号转换成光信号，通过光纤传输后，接收端再把光信号转换成电信号。

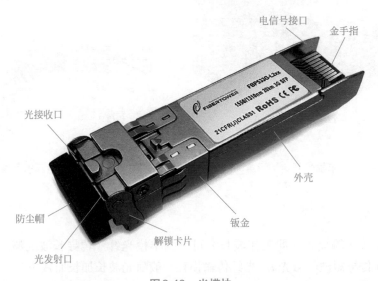

图2-48　光模块

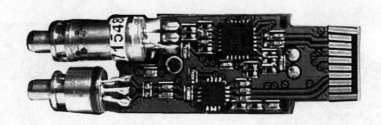

图2-49　光模块芯片

（2）光电转换器

光电转换器是一种类似于基带MODEM（数字调制解调器）的设备，如图2-50、图2-51所示。和基带MODEM不同，光电转换器接入的是光纤专线，是光信号，用于广域网中光电信号的转换和接口协议的转换。光电转换器接入路由器，是广域网接入，具有光口配置灵活等特点。

随着网络技术的发展，光电转换器和"光猫"［泛指将光以太信号转换成其他协议信号的收发设备（有接口协议的转换）］的概念越来越模糊，两者统一为同一种设备，光电转换器也成了"光猫"的学名。

图2-50　光电转换器（1）

图2-51　光电转换器（2）

（3）光纤收发器

光纤收发器是一种用于局域网（城域网）中光信号与电信号转换的器件。它只是实现信号转换，没有接口协议的转换。光纤收发器一般用在以太网电缆（如双绞线）无法覆盖（因距离长），必须使用光纤来延长传输距离的实际网络环境中，因此光纤收发器是一种延长网络传输距离的设备。光纤收发器一般两端成对地使用，如图2-52～图2-54所示。

光纤收发器按光纤模式来分，可以分为多模光纤收发器和单模光纤收发器；按光纤数量来分，可以分为单纤光纤收发器和双纤光纤收发器。

千兆SFP光纤收发器

适合多种品牌千兆SFP模块
热插拔功能 独特通风口设计

图 2-52　单纤收发器　　　　　　　　　　图 2-53　双纤收发器

图 2-54　光纤收发器

# 2.7　移动类音视频设备上四芯接口

 **学习目标**

【知识目标】

1．四芯耳机接口、全平衡式耳机接口；

2．OMTP 与 CTIA 的区别。

【能力目标】

1．了解四芯耳机接口和全平衡式耳机接口的定义；

2．正确使用四芯耳机接口和全平衡式耳机接口。

### 2.7.1　移动类音视频设备上四芯接口简介

现在许多移动类音视频设备上都是四芯接口（插头、插座）。常见的有两种：一种是带话筒的耳机，接法简单，从顶端到根部分为四级，第一级为L（左）热线，第二级为R（右）热线，第三级是话筒（MIC）热线，最后一级是上述三者的共用地线（GND），如图2-55、图2-56所示；另一种是全平衡式耳机接口，第一级、第三级是L的热、冷线，第二级、第四级是R的热、冷线。目前四芯接口是3.5mm圆柱形规格。

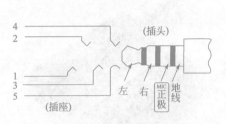

图2-55　OMTP标准接口图示

图2-56　四芯耳麦插头

### 2.7.2　四芯耳机麦克接口

四芯耳机麦克接口如图2-57、图2-58所示。目前四芯耳机麦克接口有"OMTP标准接口"和"CTIA标准接口"两种标准。

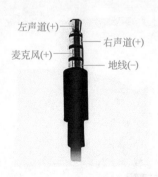

图2-57　OMTP标准接口

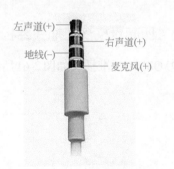

图2-58　CTIA标准接口

我国许多移动类音视频设备使用OMTP标准，所以该标准通常被叫作国家标准。这种标准接口的耳机，插头分为4段，从头至底部分别为：左声道、右声道、麦克风、地线。

CTIA被称为国际标准（也叫美国标准），CTIA标准的插头也分为4段，从头至底部分别为：左声道、右声道、地线、麦克风。

OMTP接口与CTIA接口的区别在于插头最后2段"地"（GND）和"麦克风"（MIC）顺序相反。CTIA耳机插入OMTP设备会造成声音小且失真的现象，一般不能互换使用。

目前市面上有CTIA与OMTP二者标准转换线材或者转接头，如图2-59、图2-60所示。它可以让不同标准的耳机插头实现互用。使用它将耳机转接一下，问题就可迎刃而解了。不过考虑到少数用户对音质要求较高，而这种转换线可能会带来音质上的轻微损失，所以购买时还需要考虑清楚。

图2-59　3.5mm四芯OMTP与CTIA接口　　　　　图 2-60　　OMTP标准与CTIA标准转接头
　　　　　插头互换转接线材

### 2.7.3　四芯耳机麦克插头结构图示

① OMTP标准插头如图2-61所示。

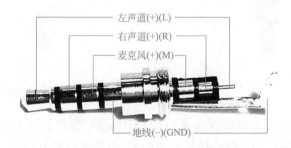

图2-61　OMTP标准接口结构图

② CTIA标准插头如图2-62所示。

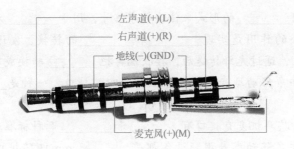

左声道(+)(L)
右声道(+)(R)
地线(−)(GND)
麦克风(+)(M)

图2-62　CTIA标准接口结构图

## 2.7.4　四芯全平衡式耳机接口

四芯全平衡式耳机接口使用时要注意查看使用说明。

注意：目前许多移动类音视频设备都是3.5mm四芯接口（插头、插座），3.5mm四芯接口和3.5mm小三芯（TRS）接口结构不同，使用时一定要查看使用说明，如图2-63所示。

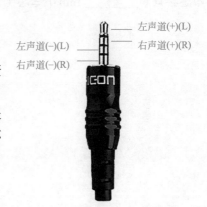

左声道(−)(L)　　左声道(+)(L)
右声道(−)(R)　　右声道(+)(R)

图2-63　3.5mm四芯全平衡式耳机接口

 练习

1. TRS接头是一种常见的_____。
2. TRS的含义分别是：_____、_____、_____。
3. TRS插头为_____形状，触点之间用_____隔开。
4. RCA俗称_____，它是_____和_____分离的复合视频接口。
5. RCA由三个独立的_____组成，又叫_____和_____。
6. VIDEO是_____。

A. 视频信号　B. 音频信号　C. 以上都是　D. 以上都不是

7. 卡侬头的英文是_____。
8. 卡侬头针脚的定义：_____。
9. 我们使用最普遍的卡侬头是_____脚的。
10. Speakon即_____，或者叫_____，是一种_____接口。
11. Speakon接口是_____和_____配合使用的，外观基本_____，只有_____的差异。
12. BNC是一种_____的连接器。
13. BNC接口经常应用于哪里？

14. 光纤以_____的形式来传输数字信号，用于_____和_____。

15. 光模块的作用是实现_____和_____的转换，发送端把_____转换成_____，通过光纤传送后，接收端再把_____转换成_____。

16. 现在许多移动类音视频设备上都是四芯接口，一种是_____，另一种是_____。

17. 目前四芯耳机麦克接口有_____和_____两种标准。

18. 目前许多移动类音视频设备都是_____mm四芯接口，_____mm四芯接口和_____mm小三芯（TRS）接口结构不同。

# 第3章
# 常用的音频线材

 **学习准备**

　一根完整的线材由接头和线组成，前面已经了解了接头，下面来介绍一下线。

 **学习目标**

1. 话筒线的结构；
2. 音频连接线的结构；
3. 音箱线的结构。

 **学习过程**

音频线材有话筒线、音频连接线（音频信号缆线）、音箱线等。

## 3.1　话筒线

话筒线为带屏蔽层二芯线，如图3-1所示。

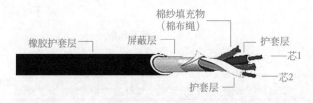

图3-1　话筒线

## 3.2　音频连接线

专业音频线有二芯、三芯、四芯、五芯等。常用音频连接线同样是二芯线且带屏蔽层结构，与话筒线类似，如图3-2所示。

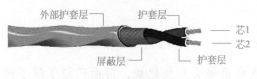

图3-2　音频连接线

如图3-3所示，音频信号缆线其实就是若干根音频连接线组合在一根缆线中。因内部音频连接线的数量不同，所以有4、8、12、24等路数之分。

图3-3　音频信号缆线

## 3.3　音箱线

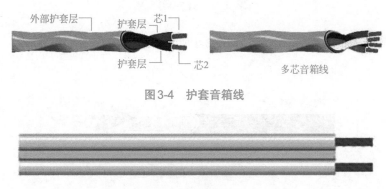

图3-4　护套音箱线

图3-5　金银音箱线

音箱线从外观来说有护套音箱线、金银音箱线之分，如图3-4、图3-5所示。护套音箱线根据外层护套和使用场合的不同又有橡胶套音箱线和塑套音箱线等。

金银音箱线通常为透明或半透明护套包裹着金色和银色的铜质线芯，因此俗称"金银线"，也有两根线芯为同色的，但在一根线芯的外层护套上印有文字，以便对两根线芯进行区分。

总之，音箱线一般为两根各自带有护套的铜质线材。音箱线根据使用要求的不同还有多芯的音箱线，如四芯音箱线。音箱线还有截面积的不同，也就是铜芯粗细不同，如1mm²、2 mm²、4 mm²等。截面积越大的音箱线传输信号时功率损失越小。

## 练习

1.话筒线为带屏蔽层_____。

2.专业音频线有_____芯、三芯、四芯、_____芯等。常用音频连接线同样是_____芯线且带_____结构，与话筒线类似。

3.音频信号缆线其实就是若干根_____连接线组合在一根缆线中。

4.音箱线从外观来说有_____音箱线、_____音箱线之分。

5.护套线根据外层护套和使用场合的不同又有_____音箱线和_____音箱线等。

6.金银音箱线通常为_____或半透明护套包裹着金色和银色的铜质线芯，因此俗称"金银线"，也有两根线芯为同色的，但在一根线芯的外层护套上印有文字，以便对两根线芯进行区分。

# 第4章
# 线材的制作

 **学习准备**

线材制作有音频线材和视频线材的制作。你对此了解多少呢？

 学习过程

线材制作有音频线材和视频线材的制作。音频线材中很多线材的焊接方法是相同的，线材也是可以互用的。

# 4.1　双绞线的制作

 **学习目标**

【知识目标】

1. 双绞线的制作；

2. 双绞线的特效与应用场合；

3. 双绞线的制作方法。

【能力目标】

1. 知道双绞线制作的正确步骤；

2. 了解双绞线正确的制作方法。

实训任务：双绞线的制作。

实训目的：了解双绞线的特性与应用场合，掌握双绞线的制作方法。

实训内容和要求：直通双绞线的制作；交叉双绞线的制作；测试双绞线的导通性。

使用设备和仪器：双绞线、压线钳、线缆测试仪。

### 4.1.1 双绞线简介

双绞线（Twisted Pair，TP）如图4-1所示，广泛应用于局域网的布线中，是一种综合布线工程中最常用的传输介质，是由两根具有绝缘保护层的铜导线组成的。双绞线用于以太网络的信号传输，也可以传输视频信号，用八芯双绞线中的四芯，双绞线的传输会有3s左右的延迟。两根绝缘的铜导线按一定密度互相绞在一起，每一根导线在传输中辐射出来的电波会被另一根线上发出的电波抵消，有效降低信号干扰的强度。

图4-1 双绞线

双绞线一般由两根22～26号绝缘铜导线相互缠绕而成，"双绞线"的名字也是由此而来。实际使用时，双绞线是由多对双绞线一起包在一个绝缘电缆套管里的。把一对或多对双绞线放在一个绝缘套管中便成了双绞线电缆，但日常生活中一般把双绞线电缆直接称为"双绞线"。

与其他传输介质相比，双绞线在传输距离、信道宽度和数据传输速度等方面均受到一定限制，但价格较为低廉。

### 4.1.2 准备工具和材料

准备工具和材料如图4-2所示。

在压接网线的过程中，金属片的侧刀必须刺入双绞线的线芯，并与线芯的铜质导线内芯接触，以连通整个网络。

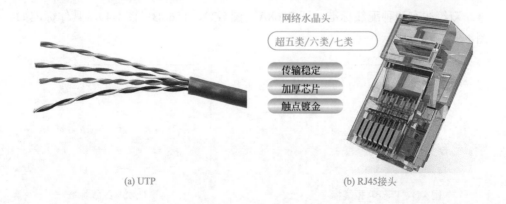

(a) UTP                    (b) RJ45接头

图4-2

(c) 压线钳          (d) 测线仪

(e) RJ45接头正面        (f) RJ45接头侧面

图4-2　RJ45接头制作材料

## 4.1.3　配线标准

双绞线有两种配线标准，即T568A（图4-3）、T568B（图4-4），具体标准如图4-5、图4-6所示。

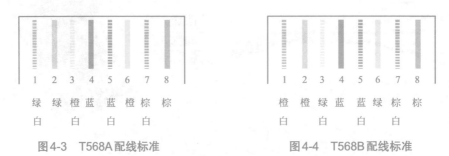

图4-3　T568A配线标准          图4-4　T568B配线标准

直通线一般用来连接网络设备（如路由器、交换机、HUB、ADSL、电脑等），或者是网络设备与网络设备直接关联。

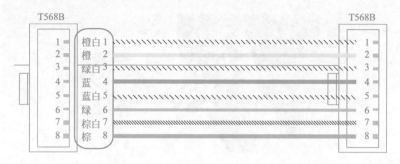

图4-5 直通双绞线配线

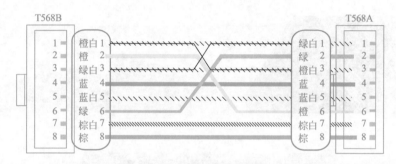

图4-6 交叉双绞线配线

交叉线一般用来直接连接两台电脑。

### 4.1.4 双绞线的制作过程

（1）第一步：剥层

将一段双绞线放入剥线专用的刀口，稍微用力握紧压线钳慢慢旋转，让刀口划开双绞线的保护胶皮，如图4-7所示。

图4-7 剥层

（2）第二步：理线

把每对相互缠绕在一起的线缆逐一解开。解开后则根据需要接线的规则把几组线缆依次地排列好并理顺，排列的时候应该注意尽量避免线路的缠绕重叠，如图4-8所示。

图4-8　理线

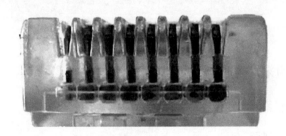

图4-9　剪头

（3）第三步：剪头

用压线钳的剪线刀口把线缆顶部裁剪整齐，保留的去掉外层保护层的部分为15mm左右，这个长度正好能将各自的线芯插入线槽。从水晶头的顶部检查，看看是否每一组线缆都紧紧顶在水晶头的末端，如图4-9所示。

（4）第四步：压线

把水晶头插入压线钳的8个槽内，用力握紧压线钳，听到轻微的"啪"一声即可，如图4-10所示。

（5）第五步：测线

若测试的线缆为直通线缆，在测试仪上的8个指示灯应该依次为绿色闪过，证明网线制作成功。

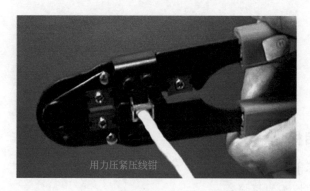

图4-10　压线

　　若测试的线缆为交叉线缆，其中一侧同样是依次由测试仪上的8个指示灯1～8闪动绿灯，而另外一侧则会根据3、6、1、4、5、2、7、8这样的顺序闪动绿灯。若出现任何一个灯为红灯或黄灯，都证明存在短路或者接触不良现象。

## 4.1.5　制作过程总结

　　制作过程总结如图4-11所示。

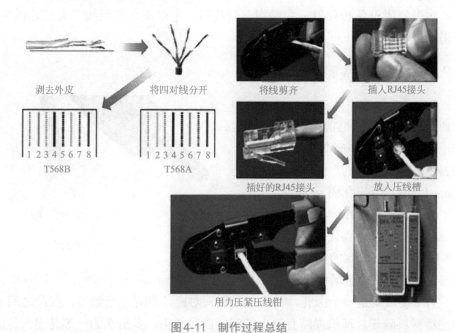

图4-11　制作过程总结

# 4.2　大三芯插头的制作

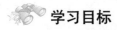 **学习目标**

【知识目标】

1．大三芯插头的焊接；

2．大三芯插头的多种尺寸。

【能力目标】

1．正确地焊接大三芯插头使其正常工作；

2．了解大三芯插头正确的制作方法。

实训任务：大三芯插头的焊接。

实训目的：焊接大三芯插头使其正常工作。

实训使用设备和仪器：尖嘴钳、剥线钳、电烙铁、音频线、大三芯插头、焊锡丝。

## 4.2.1　大三芯插头简介

TRS插头俗称"大三芯"插头，为音频设备连接插头，它的接头外观是圆柱形，通常有1/4in（6.3mm）、1/8in（3.5mm）、3/32in（2.5mm）三种尺寸，最常见的是3.5mm尺寸的接头，如图4-12所示。

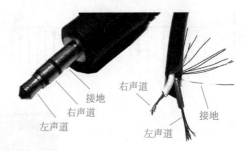

图4-12　大三芯插头

TRS的含义是Tip（头）、Ring（环）、Sleeve（套筒），分别代表了这种接头的3个触点，我们看到的就是被两段绝缘材料隔离开的三段金属柱。

TRS接口就是一个圆孔，其内部与接头对应，也有三个触点，彼此之间也被绝缘材料隔开。耳机或随身听上见到的四芯插头，多出来的一芯是用来传送语音信号或控制信号的。6.3mm的"大三芯"插头可用来传输平衡信号或非平衡立体声信号，和XLR（卡侬）平衡接口一样，能够传输平衡信号，但制作平衡线成本比较高，所以一般只用在高档专业音频设备上。

大三芯插头（TRS）结构如图4-13所示。

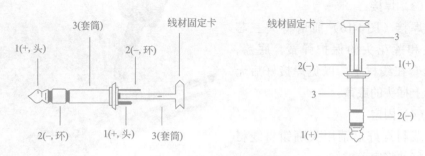

图4-13 大三芯插头结构

大三芯插头从线材选择、剥线到焊接点粘锡和卡侬线的焊接是相同的。需要注意的是在通常情况下大三芯插头"1"为平衡信号"+"端（热端），"2"为平衡信号"-"端（冷端），"3"为平衡信号"屏蔽"端。

## 4.2.2 大三芯插头的制作过程

（1）剥线

选择适当长度的线材，用偏口钳或剥线钳在距一端3cm处剥去线材的外部橡套层，剪去棉纱填充物（话筒线），将屏蔽层挑起露出内芯；再用偏口钳或剥线钳剥去白色护套芯的白色护套，去除长度与屏蔽层外露的长度相同即可。线材剥好后形成屏蔽层、去除护套层的芯线（两根铜线）和一根带有护套的芯线（共计三根线）。

（2）理线

线材剥好后将线材去除保护套并剪掉屏蔽层，将铜丝拧结形成一根线，如图4-14所示。

理好线后就可以对线材和插头的焊接点进行粘锡了，如图4-15所示。

图4-14 理线

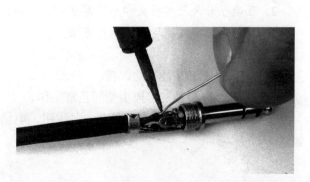

图4-15 粘锡

（3）焊接

焊接（图4-16）前请将大三芯插头和莲花头的保护弹簧、底盖、护套套在线材上，以免焊接好后无法套上插头的底盖。

（4）固定

线材焊好后请用尖嘴钳将线材固定好并将底盖拧好。

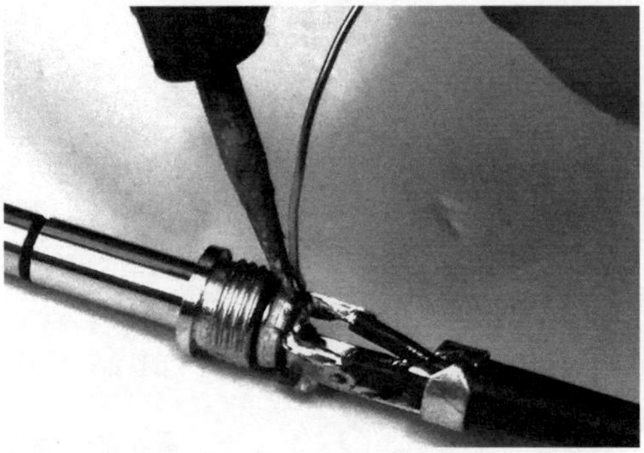

### 4.2.3 知识延伸

图4-16 焊接

大二芯插头（TS）和大三芯插头（TRS）的主要用途分别是：大二芯插头一般用于非平衡式信号连接或功率放大器的音箱信号输出接口及音箱的信号输入接口；大三芯插头一般用于平衡式信号连接或双声道耳机接口。大三芯插头可以代替大二芯插头，但大二芯插头不可以代替大三芯插头。

# 4.3 小三芯插头的制作

 **学习目标**

【知识目标】

1．小三芯插头的焊接；

2．大三芯插头和小三芯插头的区别；

3．小三芯的制作方法。

【能力目标】

1．可以正确地焊接小三芯插头使其正常工作；

2．正确区分大三芯插头和小三芯插头的区别；

3．了解小三芯插头正确的制作方法。

实训任务：小三芯插头的焊接。

实训目的：焊接小三芯插头使其正常工作。

实训使用设备和仪器：尖嘴钳、剥线钳、电烙铁、音频线、小三芯头、焊锡丝。

### 4.3.1 小三芯插头与大三芯插头的区别

小三芯插头外观（图4-17）与大三芯插头类似，只是体积要小。小三芯插头为三芯结构，前面说过三芯结构的为平衡插头，但在通常的音响工程中小三芯插头多用于电脑及便携式音源（便携CD/MP3等）的音频信号输出，因此将小三芯插头归入非平衡插头之列。

图4-17 小三芯插头外观

### 4.3.2 小三芯插头的制作过程

制作过程与大三芯插头操作方法基本相同。

（1）剥线

首先选择一根话筒线用偏口钳在距离一端约2.5cm处去除外层橡胶护套层、剥开屏蔽层、去除棉纱填充物，只留下带护套层的两芯及屏蔽层。用剥线钳或偏口钳在距每根芯的0.5cm处去除每根芯线的护套层露出铜质内芯，再用手将屏蔽层拧扎结实。

（2）理线

如图4-18所示。

（3）焊接

剥线及理线完成后就要在线材和插头的焊接点上粘锡了，粘完锡后开始焊接，如图4-19所示。

图4-18 理线

图4-19 焊接

（4）固定

线材焊好后请用尖嘴钳将线材固定好并将底盖拧好。

# 4.4 大二芯插头的制作

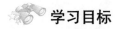 **学习目标**

【知识目标】

1．大二芯插头的焊接；

2．大二芯插头与大三芯插头的用途。

【能力目标】

1．可以正确地焊接大二芯插头使其正常工作；

2．了解大二芯插头与大三芯插头的用途；

3．了解大二芯插头正确的制作方法。

实训任务：大二芯插头的焊接。

实训目的：焊接大二芯插头使其正常工作。

实训使用设备和仪器：电烙铁、焊锡丝、剥线钳或偏口钳、尖嘴钳。

## 4.4.1 大二芯插头与大三芯插头的区别

在6.35mm（1/4in）插头中，有大二芯插头（TS）（图4-20）和大三芯插头（TRS）两种。大二芯插头一般用于非平衡式信号连接或功率放大器的音箱信号输出接口及音箱的信号输入接口。大三芯插头一般用于平衡式信号连接或双声道耳机接口（立体声接点设置：尖T为左声道L正极，环R为右声道R正极，套S为左右声道共用负极）。

图4-20 大二芯插头

在很多音响系统应用现场，常常会发现只要是1/4 in插头，几乎都是大二芯插头，导致许多平衡式线路设计失去了存在的意义，结果使得很多用户陷入了噪声的困扰中。

在专业音响系统中，尽可能统一使用卡侬或大三芯连接头，虽然并不是所有的设备都具有平衡式的输入、输出，但都可以使用卡侬、大三芯连接头进行连接。主要目的是：尽可能利用平衡式线路降噪功能，最大化地降低外来干扰（主要为电磁场干扰）导致的本底噪声。

提示：大三芯插头可以代替大二芯插头，但大二芯插头不可以代替大三芯插头。

## 4.4.2 大二芯插头的制作过程

### （1）剥线

选择适当长度的线材，用偏口钳或剥线钳在距一端3cm处剥去线材的外部橡套层，剪去棉纱填充物（话筒线），将屏蔽层挑起露出内芯；再用偏口钳或剥线钳剥去白色护套芯的白色护套，去除长度与屏蔽层外露的长度相同即可。线材剥好后形成屏蔽层、去除护套层的芯线共计三根线，如图4-21所示。

图4-21 剥线          图4-22 理线

### （2）理线

线材剥好后将去除护套的芯线和屏蔽层拧结在一起，拧结时应拧得结实些，尽量不要松散。拧结好的线材形成了两芯的结构。线材拧结的目的是将三芯（两根芯线和一根屏蔽层）改为两芯，以便和两芯的插头（大二芯插头、莲花头等）焊接，如图4-22所示。

图4-23 粘锡

### （3）粘锡

理好线后就可以对线材和插头的焊接点进行粘锡了，如图4-23所示。

图4-24 焊接前的准备

（4）焊接

焊接前请将大二芯插头和莲花头的保护弹簧、底盖、护套套在线材上（图4-24），以免焊接好后无法套上插头的底盖。焊接示意图如图4-25所示。

图4-25 焊接

（5）固定

线材焊好后请用尖嘴钳将线材固定好并将底盖拧好。

# 4.5 RCA头的制作

 学习目标

【知识目标】

1．RCA头的含义及起源；

2．RCA头应用的设备。

【能力目标】

1．可以正确焊接RCA头使其可以正常应用；

2．正确地说出RCA头的含义及起源；

3．了解RCA头正确的制作方法。

实训任务：RAC（莲花）头的制作。

实训目的：焊接RAC头并使其正常应用。

实训设备和仪器：尖嘴钳、剥线钳、RAC头、音频线、电烙铁、焊锡丝。

## 4.5.1 RCA头的含义及起源

RCA是美国广播公司（Radio Corporation of American）的缩写词，因为RCA接头是这家公司发明的。

追溯到20世纪40年代至50年代，家庭高保真设备还是一个全新的领域，当美国广播公司需要一种小型、低价接头用于其生产的设备时，市场上没有非常适合他们要求的产品，因此他们设计了一种新型插头，并且最终成为行业标准。

RCA头的连接头部比较像莲花，故称为"莲花头"，或称为"莲花插头"（英文名称为RCA接头，简称RCA头）。它是音、视频线的一种。

RCA头适用于VCD机、DVD机、电视机、收录机、CD机等与音响、功放机、调音台之间的连接并传输它们的音频信号，广泛用于录音棚、舞台音响、视频影音系统。

## 4.5.2 RCA头的应用

RCA头的应用如图4-26所示。

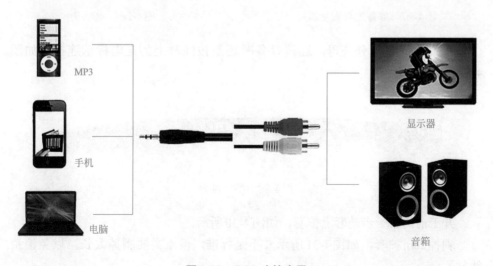

图4-26 RCA头的应用

### 4.5.3 RCA头的制作过程

RCA头制作需要使用的工具：

① 普通电烙铁一把。

② 剪刀或剥线钳一把。

③ 尖嘴钳一把。

RCA头制作需要使用的材料：

① RCA头两个（以制作一根线为例）。

② OFC无氧铜双芯音频线一根（长度根据需要而定）。

③ 焊锡丝若干（长度根据需要而定）。

所需工具和材料如图4-27所示。

RCA头分为两个部分，即接头芯和外壳护套，如图4-28所示。

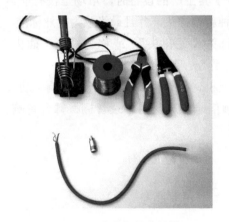

图4-27 准备工具和材料

图4-28 RCA头

双头RCA线不分公母，连接设备时还是按线材上的走向标示连接，如图4-29所示。

图4-29 线材走向

开工前的第一步是套上护套，如图4-30所示。

剥掉2cm护套，如图4-31所示（不是标准，但不需要剥掉太长，以免浪费线材）。

　　剥完后可以看到三根主线，如图4-32所示（一般线材正极为红色，负极为白色）。

图4-30　开工前的准备

图4-31　剥线

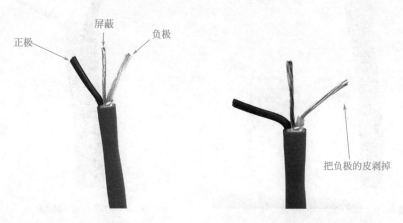

图4-32　三根主线　　　　　　　　图4-33　剥掉负极护套

　　将负极线的护套（白色）全部剥掉，如图4-33所示。

　　将负极线和屏蔽线拧在一起，如图4-34所示。

　　拧紧，拧成一股，如图4-35所示。

图4-34　将负极线和屏蔽线拧在一起　　　　　　　　　图4-35　拧成一股

给拧成一股的线上锡，如图4-36所示。

把正极线的护套也剥除，如图4-37所示，不需要太长，0.5cm左右即可。

图4-36　给拧成一股的线上锡　　　　　　　　　图4-37　剥除正极的护套

给剥除护套的正极线上锡，如图4-38所示。

把屏蔽线裁短，长度为正极的一半左右，如图4-39所示。

拿出RCA芯，如图4-40所示。

图4-38　给剥除护套的正极线上锡　　　　　　图4-39　裁线

图4-40　RCA芯

给RCA芯上锡，如图4-41所示。

图4-41　给RCA芯上锡

给正极线套上一截热缩管，如图4-42所示。

图4-42  套热缩管

把屏蔽线按到RCA接地片上，尽量靠后，远离正极接线柱，如图4-43
所示。

图4-43  屏蔽线接RCA接地片标准

用电烙铁焊上屏蔽线，时间不需要太长，以免烫坏线材，如图4-44所示。

图4-44  正确焊接标准

正极线与RCA中间接头焊接时，焊接时间一定要短，因为中心轴的周围是
塑料，时间过长会被烫坏，如图4-45所示。

图4-45　正极连接

　　然后把热缩管向前推，尽量把接线柱也全部包起来，然后收缩即可，如图
4-46所示。

图4-46　包热缩管

套上外壳护套，RCA头的焊接完成，如图4-47所示。

图4-47　焊接完成

# 4.6 XLR接头的制作

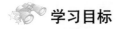 **学习目标**

【知识目标】

1．XLR接头（卡侬头）的制作；

2．三个接线柱焊接点。

【能力目标】

1．了解使用最普遍的是3脚卡侬头；

2．了解XLR头正确的制作方法。

实训任务：卡侬头的制作。

实训目的：焊接卡侬头并正常使用。

实训设备和仪器：偏口钳、尖嘴钳、剥线钳、卡侬头、音频线、电烙铁、焊锡丝。

## 4.6.1 XLR接头（卡侬头）简介

XLR接头俗称卡侬头。卡侬头英文为Cannon Plugor Cannon Connector，是因为lame sH．Cannon先生是卡侬头最初的生产制造商Cannon Electric的创立者，现在该公司被并入ITT公司（美国国际电话电报公司）。最早的产品是"Cannon X"系列。后来对产品进行了改进，增加了一个插销式锁定装置（英文：Latch），产品系列更名为"Cannon XL"。然后又围绕着接头的金属触点，增加了橡胶封口胶（Rubber Tompound），最后人们就把这三个词（X、Latch、Rubber Tompound）的第一个字母拼在一起，称作"XLR Connector"，即XLR接头。

由于采用了锁定装置，XLR连接相当牢靠。XLR接头通常在调音台、麦克风、电吉他等音响设备的输入、输出端口上都能看到。

XLR接头可以是3脚的，也可以是2脚、4脚、5脚、6脚的。当然，我们使用最普遍的接头是3脚的卡侬头，即XLR3（以下均以3脚的卡侬头为例），如图4-48所示。

卡侬母头(XLR Female)　卡侬公头(XLR Male)

图4-48　卡侬接头

## 4.6.2　XLR接头的制作过程

（1）线材制作工具

①电烙铁、焊锡丝，如图4-49所示。

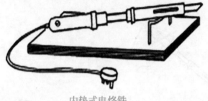

内热式电烙铁　　　　　　　　　　　　　　焊锡丝

图4-49　电烙铁、焊锡丝

②偏口钳、尖嘴钳，如图4-50所示。

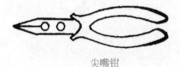

偏口钳　　　　　　　　　　　　　　尖嘴钳

图4-50　偏口钳、尖嘴钳

③音频线，如图4-51所示。

（2）线材剥线

选择一根音频线（如话筒线），用偏口钳在距离其一端约2.5cm处剥去外层橡胶护套层，拨开屏蔽层，去除棉纱填充物（音频连接线无棉纱填充物），只留下带护套层的两芯及屏蔽层［图4-52（a）］。再用剥线钳或偏口钳在距每根芯的0.5cm处剥去每根芯线的护套层，露出铜质内芯，用手将屏蔽层拧扎在一起［图4-52（b）］。

图4-51　音频线

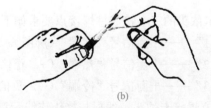

(a)　　　　　　　　　　　　　　　(b)

图4-52　线材剥线

（3）线材粘锡

用电烙铁粘焊锡涂抹在线材的铜质两芯和屏蔽层上，屏蔽层涂抹的焊锡与两芯一样多即可，如图4-53所示。

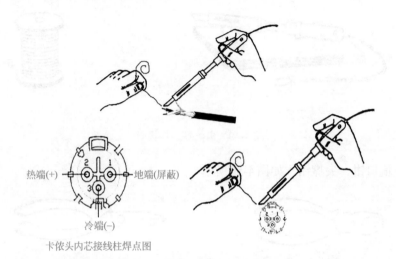

卡侬头内芯接线柱焊点图

图4-53　线材粘锡

下面介绍一下常见的几种音频接头线材焊接，实际上各种音频接头及相互转接线在市场上都有售卖，不是特殊情况，没有必要自己去焊接。

（4）卡侬头（XLR）线材焊接

①卡侬头结构（卡侬头接线柱图示）如图4-54、图4-55所示。

图4-54　卡侬公头　　　　　　　　　　　　图4-55　卡侬母头

卡侬头的三个接线柱焊接点要求如下：

"1"——平衡信号"地端"（屏蔽）。

"2"——平衡信号"热端"（+，正信号）。

"3"——平衡信号"冷端"（−，负信号）。

②焊接卡侬头。线材与接头连线示意图如图4-56所示。

　　将"红色护套的芯线（芯1）"与卡侬头内芯上的焊接端"2"焊接上，将"白色护套的芯线（芯2）"与卡侬内芯上的焊接端"1"焊接上。将焊接好的内芯插入卡侬头外壳，插紧线卡，拧上底盖后线材的一端就焊接好了。

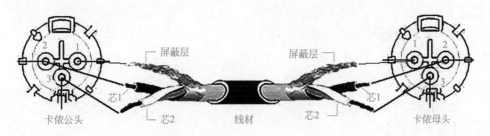

图4-56　线材与接头连线示意图

　　③ 焊接注意事项与要求。

　　焊接注意事项：把卡侬头的底盖、线卡套入线材，再行焊接，如图4-57所示（焊接时按照图4-56进行）。

组件装配流程

图4-57　焊接卡侬头

　　焊点要求：焊点表面光滑、饱满、不能有毛刺，锡不能粘到焊点外，如图4-58所示，热焊时间控制在3s内。

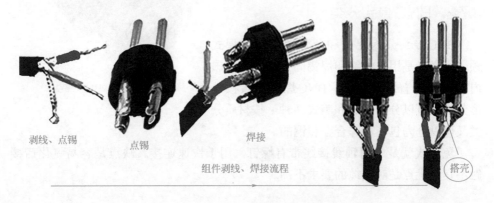

剥线、点锡　　　点锡　　　　　焊接　　　　　　　　　　　　搭壳

组件剥线、焊接流程

图4-58　焊接流程

# 4.7　BNC接头的制作

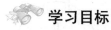 **学习目标**

【知识目标】

1．BNC接头的制作；

2．BNC接头的分类。

【能力目标】

1．可以正确地制作BNC接头；

2．了解BNC接头的两种焊式。

实训任务：BNC接头的制作。

实训目的：制作BNC接头使其正常工作。

实训使用的设备和仪器：钳子、剪子、尖嘴钳、包线钳、焊锡丝、电烙铁。

## 4.7.1　BNC接头简介

BNC接头是监控工程中用于摄像设备输出时导线和摄像机的连接头，如图4-59所示。

BNC接头至今没有被淘汰，因为同轴电缆是一种屏蔽电缆，有传送距离长、信号稳定的优点。

## 4.7.2　BNC接头分类

BNC接头分为焊式和免焊式两种。焊式顾名思义就是用电烙铁和焊锡固定，是目前国内使用较为普遍的形式。BNC焊式接头按外形分类又可以分为英式和美式两种；按材质分类又可以分为包芯、锌合金和铜的。

图4-59　BNC接头

免焊式就是中间轴线接线带有螺钉，用于快速连接。缺点是容易氧化后接触不良，优点是对线缆的要求不高。

### 4.7.3 BNC焊式接头的制作过程

① 剥线（图4-60）。对比BNC接头线夹长度来确定剥线的长度，屏蔽网和芯线分别留长约12mm和3mm（长度没标准），并把屏蔽套壳套入电缆线，如图4-61所示。

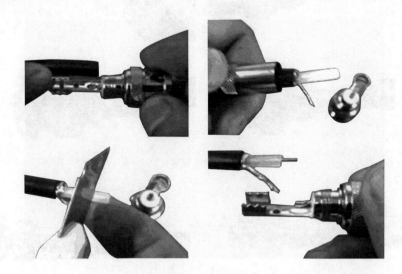

图4-60 剥线

图4-61 连接

② 固定。将裸露的芯线和BNC接头上锡（也可以不上），把屏蔽线穿入线夹中间的孔里并固定好位置，如图4-62所示。

③ 焊接（图4-63）。用电烙铁直接焊接，注意电烙铁的温度一定要高，且焊锡丝质量要过关。

④ 整理毛刺后拧上屏蔽套壳。

图4-62　固定

图4-63　焊接

## 4.7.4　BNC免焊式接头的制作过程

尾部套筒

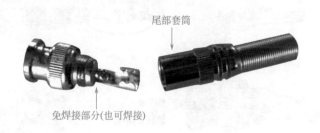

免焊接部分(也可焊接)

图4-64　拧开BNC接头

① 拧开BNC接头，如图4-64所示。

注意：套筒取下后，要先套到视频线上面。

② 剥开视频线，如图4-65所示。

准备工具：剥线钳一把，尖嘴钳一把，十字螺丝刀一把。

③ 准备连接，如图4-66所示。

注意：剥开铜芯，剪掉锡纸，将铜芯插入中间螺钉孔，然后把螺钉拧紧固定,金属网穿过铁片,缠绕固定在铁片上(否则视频输入无信号)。

图 4-65 剥开视频线

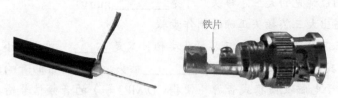

图 4-66 准备连接

图 4-67 连接固定

④ 连接固定,如图4-67所示。

注意:

a. 中间的铜芯不要和金属网接触构成短路。

b. 金属网一定要缠绕固定牢固,防止脱落。

图 4-68 完工检查

⑤ 拧上套筒。注意拧上套筒前,检查螺钉是否牢固。

⑥ 完工检查。完工后做好另外一端,便可以连接使用,如图4-68所示。

练习

1. 双绞线是一种_____最常用的传输介质。

2. 双绞线一般由_____根_____~_____号绝缘铜导线相互缠绕而成。

3. 请写出双绞线正确的制作步骤。

4. 我们最常见的大三芯接头尺寸是_____ mm 的。

5. 请写出大三芯插头正确的制作步骤。

6. 小三芯插头外观与大三芯插头类似，只是_____要小。小三芯插头为三芯结构，我们知道三芯结构的为_____插头，但在通常的音响工程中小三芯插头多用于电脑及便携式音源（便携 CD/MP3 等）的音频信号输出用，因此将小三芯插头归入_____插头之列。

7. 请写出小三芯插头正确的制作步骤。

8. 请写出大二芯插头与大三芯插头的主要用途。

9. 请写出大二芯插头正确的制作步骤。

10. RCA 头因_____比较像莲花，故称"莲花头"，或称为"莲花插头"（英文名称为_____接头）。

11. 请写出 RCA 头正确的制作过程。

12. 由于采用了_____装置，XLR 连接相当牢靠。XLR 接头通常在_____、_____、_____等音响设备的_____、_____端口上都能看到。

13. 请写出卡侬头的三个接线柱焊接点。

14. BNC 接头是监控工程中用于_____输出时导线和摄像机的连接头。

15. 请写出 BNC 接头正确的制作步骤。

# 第5章
# 线材测试

 学习准备

当一根线材做完后，临用前需要进行测试，分辨线材能否正常工作。

 学习目标

【知识目标】
1. 线材的测试方法；
2. 线材的测试工具。

【能力目标】
1. 能描述测试方法；
2. 能正确选用测试工具。

 学习过程

面对完好无损的各种舞台或录音棚设备，却出现莫名其妙的"不出声"或者声音"异常"时，借助一款多功能音频连线测仪器（见图5-1）就能快速检测出各种连线及插头是否连接正常（短路或接触不良测试），从而排除故障并解决问题。

图5-1　测试工具

图5-2　安装电池

拉开测线器底部的电池盒，根据电池盒上标注的"+""−"标示安装标配的9V电池，然后把电池盒推入仓内，再用力往里按，听到"啪"的一声即表明电池已经锁紧，如图5-2所示。

将需要测试的线材插入测线器对应的插孔中，如图5-3所示。

图5-3　测试方法　　　　　　　　　　　图5-4　测试演示

旋钮从1开始，黄灯和绿灯同时亮起，表示起线的"Pin 1"信号线连接没有问题（图5-4）。依此类推，再拨动旋钮到2、3…的位置，如果LED灯一一对应亮起，则说明"Pin 2""Pin 3"连接正常，如果交叉亮或者有灯不亮说明线材连接错误。

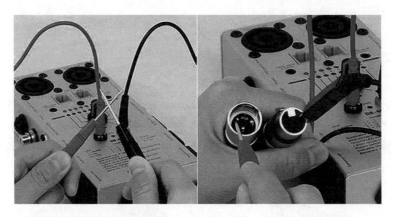

图5-5　借助测试笔测试

将两条配送的探测线插入红黑两个插孔内，如果探测笔两端直接连通会出现"滴滴"的蜂鸣声。使用此方法可以检测在测线器上没有对应插孔的音频线，用探测笔连接对应线材端口，如果出现蜂鸣声表示线材连通，如图5-5所示。

此款测线器可以测试的连线有：RJ45网线，三芯和五芯卡侬连线，6.35mm乐器线，3.5mm音频连线，RCA连线，二芯、四芯和八芯音箱连线，香蕉插头连线，三芯、五芯、七芯和八芯数据插头连线。

# 练习

## 一、填空题

旋钮从1开始，_____灯和_____ 灯同时亮起，表示起线的"Pin 1"信号线连接没有问题。

## 二、简答题

1. 如何体现线材连通正常呢？
2. 测线器可以测试的连接线有哪些？

# 第6章
# 焊接标准

 **学习准备**

焊接有标准，焊接测试过程中一定要按照标准进行。

 **学习目标**

【知识目标】

1．音频线制作的认识；

2．认识专业制作工具；

3．学习焊接卡侬头、大三芯插头、小三芯插头、大二芯插头、BNC接头、莲花接头焊接标准；

4．熟练焊接标准音频线；

5．保证焊接国际标准。

【能力目标】

1．能正确选用合适的制作工具；

2．能够焊接标准的音频线。

 学习过程

## 6.1　音频线的制作

线材制作有音频线材和视频线材的制作。音频线材中很多线材的焊接方法是相同的，线材也是可以互用的。

线材制作时需要一些常用的工具，下面做一下简单的介绍。

电烙铁和焊锡丝，它们是线材制作不可缺少的工具。音频接插头内部多为塑胶绝缘材料，虽然具有一定的防高温特性，但为保证焊接的质量，电烙铁通常选择30W功率的产品。功率过低不易熔化焊锡丝，功率过高容易烫坏接插头内部的塑胶绝缘材料。焊锡丝通常选用含锡量在67%以上的。现在的焊锡丝多为带松香的焊锡丝，如焊锡丝不带松香，在焊接时焊接点不易粘锡，建议在焊接时使用松香或焊锡膏。

偏口钳或剥线钳，它们是剪切线材和剥掉各层护套层以便露出铜质线材时的工具，在线材制作中是经常使用的辅助工具。尖嘴钳常用于二芯、三芯、莲花插头焊接后固定线材与插头。

小一字螺丝刀，常用于音箱插头与音箱线时的连接。音箱插头内大多数采用"一字"头的螺钉来固定音箱线。

音频插头，有平衡和非平衡之分，与之相应焊接好的线材同样也有平衡信号用线材和非平衡信号用线材的区分。平衡信号线材，包括卡侬线（公对母、公对公、母对母）、卡侬（公、母）对大三芯、大三芯对大三芯。非平衡信号用线材，包括大二芯对大二芯、莲花对莲花、大二芯对莲花。平衡与非平衡插头也可在一根线材上使用，即平衡信号转非平衡信号用线材，如：卡侬（公、母）对莲花或大二芯插头，大三芯对莲花或大二芯插头。总之，一根线材的两端均为平衡信号插头就是平衡信号用线材，两端均为非平衡信号插头就是非平衡信号线材。

NEUTRIK音箱插头，常用的为四芯的，也有二芯、八芯音箱插头，其外观基本相同，只有尺寸大小的差异。通常情况下音箱的接口为四芯插头，如是八芯插头音箱后部会有标注；功放的输出端口为四芯插头。

Speakon：二芯、四芯、八芯音箱插头。

# 6.2　音箱线的制作

在连接一套音响系统时，截止功放（功放的输入）前的信号输入、输出线材都是用话筒线或音频连接线，而功放与音箱的连接就需要音箱线和音箱插头了。

在了解音箱线的制作之前我们先介绍一下功放的输出及音箱的输入端口及相应的标注，只要看懂了标注后音箱线的制作就非常简单了，只是"对号入座"罢了。

现在各厂家生产的功放在输出的接口方式上通常有两种：一种为"接线柱"式，一种为"NEUTRIK头"式。

如图6-1所示是一台常用功放的输出部分面板图。其中，中间部分为"接线柱"输出，两侧为"NEUTRIK头"输出。有些功放为了方便用户使用同时提供两种接线方式。无论是"接线柱"输出还是"NEUTRIK头"输出都有CH1/CH2（有的功放标注为A/B）及"+、−"的标注，此标注说明该功放具有两个输出

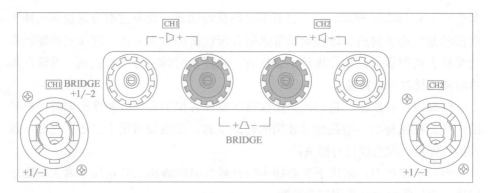

图6-1 常用功放输出面板图

通道，每个通道的信号又有"+、−"之分。在前面介绍"NEUTRIK插头"时说过这种插头有二芯、四芯、八芯之分，功放输出端的"NEUTRIK"输出均为四芯，但只接其中二芯。在通常状态下和"非桥接（BRIDGE）"状态下功放的"NEUTRIK"输出端口输出的点位为"+1、−1"，也有其他点位的如"+2、−2"。因此，在用"NEUTRIK"输出时请查看功放输出端的提示。

音箱的输入端口也有"NEUTRIK""压线卡"及"接线柱"等形式。图6-2标示出4种常见的音箱"NEUTRIK"输入面板图。通常带"NEUTRIK"输入端口的音箱会有两个"NEUTRIK"端口，也会有"PARALLEL INPUTS"（并连输入）字样或者一个标示"IN"、一个标示"OUT"字样，其实这两种标注的意思是相同的，即两个接口是并接可以任意使用其一，并且也可通过另一个接口并接其他音箱；"PIN1+/1−、PIN2+/2−"表明是四芯的音箱插头。

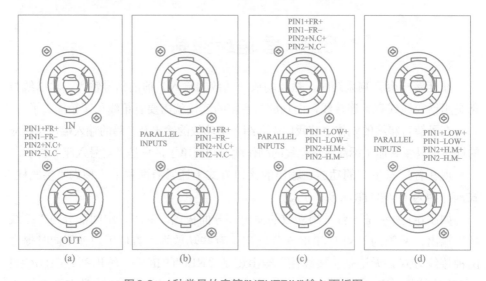

图6-2 4种常见的音箱"NEUTRIK"输入面板图

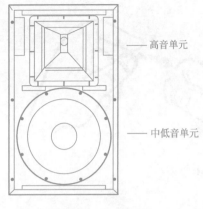

—— 高音单元

—— 中低音单元

图6-3 全频音箱

一只全频音箱至少由两个单元组成，即一个高音单元（较小），一个中低音单元（较大），如图6-3所示。一个音频信号通过"分配器"分频后将相应的频率分配给高音和中低音单元。大多数音箱本身是具备内置分配器的，内置分配器也称"无源内置分频"（如EV的E、G、F、SX等系列音箱；TANNOY的V、i等系列音箱）。有些音箱不具备内置分配器功能，必须通过外置分配器（音箱处理器或控制器）将音频信号分频后通过相应的功放传送给一只音箱的不同单元（如EV的QRX153，TANNOY的iQ10等系列音箱），外置分配器又称"有源外置分频"。还有些音箱是内、外置分频都可以的（如EV的RX/QRX112/75、115/75、SX500等音箱）。我们又如何分辨一只音箱是内置还是外置分频或这两者全可以呢？首先音箱的使用手册中会有该音箱的说明，其次，音箱输入端口同样也有说明。

图6-2（a）、（b）为内置分频，图6-2（d）为外置分频，图6-2（c）则两种方式都可以。图6-2（a）、（b）中标注"PIN1+FR+/PIN1−FR−、PIN2+N.C+/PIN2−N.C−"的意思是："NEUTRIK" 4个芯中"1+"端为信号"+"、"1−"端为信号"−"，"2+、2−"为空（N.C）。图6-2（d）中标注"PIN1+LOW+/PIN1−LOW−、PIN2+H.M+/PIN2−H.M−"的意思为："NEUTRIK" 4个芯中"1+"端为LOW（低音）信号"+"、"1−"端为LOW（低音）信号"−"，"2+"端为H.M（中高音）信号"+"、"2−"端为H.M（中高音）信号"−"。图6-2（c）表示两种方式都可使用。音箱的输入端口除"NEUTRIK"外还有"压线卡"式（如EV的EVID系列、TANNOY的i5/i7/i9等音箱），它们虽然形式不同但道理一样，只是后两种形式不用在音箱线上安装"NEUTRIK"头，直接剥线后进行安装即可。

以上介绍了功放和音箱的有关知识，这些都和音箱线的制作有紧密关系。大家要是理解了上面所讲述的内容，那么音箱线的制作就变得简单了。

为了使大家更直观地了解音箱线的制作，下面对音箱线的制作进行具体的讲解：

① 功放输出端为"接线柱"式，音箱为内置分频的"NEUTRIK"输入。

② 取一根适当长度的音箱线，在距一端3cm处剥去外部护套层。距每芯顶端0.5cm处去除护套露出铜芯，再将每芯分别拧扎结实（图6-4）。

音箱线的另一端的剥线方法是一样的，不过线要剥得长一些，然后分别将每芯拧扎结实。在剥线较短的一端安装"NEUTRIK"插头（图6-5）。

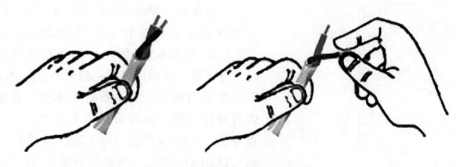

图6-4　剥去护套层并拧扎结实

图6-5　线的连接

　　音箱线是如何连接功放与音箱的呢？图6-6以左声道信号（通常功放的CH1或A通道连接立体声信号的左声道）为例演示如何连接。

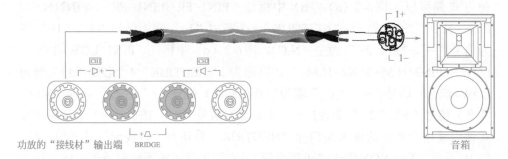

图6-6　音箱线连接功放与音箱

　　① 功放的输出端口和内置分频全频音箱的输入端口均为"NEUTRIK"插头。

　　② 这种音箱线的连接很简单，只需将剥好的线材按照功放及音箱的标注与"NEUTRIK"头内的相应点位连接即可。

# 6.3　视频线的制作

　　我们在这里只作简单的讲解供大家参考，便于大家在工作中能够了解一些视频线材的制作。

　　视频插头通常分为莲花头和BNC头，视频线为单芯带屏蔽的结构，芯的护套较厚。焊接时只需将芯焊接在莲花头的"信号端"，屏蔽焊接在莲花头的"屏蔽端"就可以了。BNC头和莲花头的焊接方法是相同的，只是接口样式不同。

　　音频线与视频线的阻抗不同，但音频线可以在短距离内临时代替视频线来使用。

### 6.3.1　卡侬头

　　专业音响系统中，"卡侬插头"这一名词经常遇到，但卡侬插头都有哪些规定呢？国际电工标准 IEC 268-11 和 IEC 268-12 中分别介绍了两类不同排列方式的卡侬插件，其中又分为2针、3针、4针、5针等。两个标准规定的3针卡侬插件针脚排列相似，但接点的编号次序却有区别。

　　为了避免卡侬插头接线出现错误，国际电工标准 IEC 268-15 和我国国标 GB/T 14197—2012《音频、视频和视听系统互连的优选配接值》中，介绍话筒的供电系统时，分别画出了两种类型卡侬插头的接线图，如图6-7所示。下面介绍一下专业音响系统中常见的几种连接器，供初学者参考。

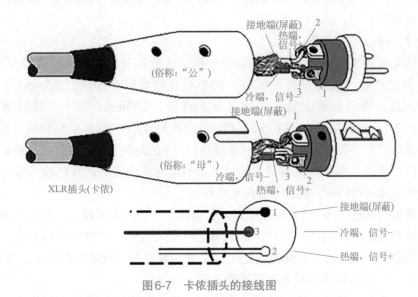

图6-7　卡侬插头的接线图

（1）圆形连接器

　　圆形连接器是基本结构为圆柱形、具有圆形插合面的一类连接器。在互连分类中，属于第5类，用于设备之间的互连。广义上说，圆形连接器包括低频圆形连接器、射频同轴连接器以及音频连接器等。圆形连接器的圆柱形结构具有天然的坚固性，比其他任何形状都具有更高的强度。

（2）卡侬式三插针连接器

卡侬式三插针连接器属于宜插弹键锁定式。这种连接器常用于话筒和调音台的连接中。连接器按产品分为：插针式连接器（型号YSlJ3F）和插孔式连接器（型号为YSlK3P）；固定端插针式连接器（型号为YSlJ3F）；固定端插孔式连接器（型号为YSlK3F）。插针式连接器的接点编号应从配合面看，如果是插孔式连接器则应从接线端看。把这种连接器用于平衡式连接传输时：引脚1接屏蔽层，引脚2接信号热端，引脚3接信号冷端。如果把它用于非平衡传输时：引脚2接信号端，引脚1和2合并接屏蔽与信号回线。

YC系列的卡侬连接器属于直插式。这种连接器在专业音响系统中用得较多，其中三插针的（自由端型号YCJ3P、固定端型号YCK3F）也常用在话筒与音响设备的连接中；五插针的（自由端型号YCJ5P、固定端型号YCK5F）在一些文章中被称为DIN插件，它常用在音响设备的立体声信号双向馈送，录放组合端的连接，头戴耳机的连接端，以及话筒、电唱盘、调谐器等音响设备输出信号的传递。YC系列的卡侬连接器编号顺序应该从插针式连接器配合面看，如果是插孔式连接器则应从接线端看。在音响系统中应用YC系列的卡侬连接器时其各接点的分配见表6-1。YC系列和YSl系列两种类型连接器的尺寸和定位标志的位置不同。

（3）同心式连接器

同心式连接器也是常见的接插件。按接线数目分，同心式连接器有二芯、三芯两类产品。按插头直径区分，同心式连接器有6.25mm、3.5mm、2.5mm三种规格。在专业音响设备中常用插头直径为6.25mm。其中二芯的型号为CS 635-2，三芯的型号为CS 635-3，相应插口的型号分别为CK 635-2和CK 635-3，即常说的"大二芯插头"和"大三芯插头"。同心式连接器常被用在音响设备之间的信号馈送，功率放大器至音箱间的信号馈送，调音台的线路输入端口以及一些话筒输入端口等。其接点分配见表6-2。

常见的莲花插头为TX型连接器，它也属于同心式连接器，由于它的插头环部开了几条间隙，使圆环分成了几块弧形片，几块弧形片包围着插头芯，像一朵花的样子，因此它又被称为莲花插头。TX型连接器常被用在调谐器、录音机、录像机、VCD机等音源设备的信号输出端。

上面简要介绍的常用连接器，在实际工作中怎样选用是由使用的音响设备的端口类型决定的。而音响系统往往又由多台音响设备组成，多台音响设备之间应选用的连接器也可能同时出现多种类型。在这种情况下，应该根据需要采用专门的转换器来满足系统配接的要求。

表6-1 常见YC系列卡侬连接器接点分配（音响系统设备连接）

| 接点数 | 应用 | | 接点号 | | | | |
|---|---|---|---|---|---|---|---|
| | | | 1 | 2 | 3 | 4 | 5 |
| 三针 | 话筒 | 单声道（平衡） | 信号 | 屏蔽 | 回线 | — | — |
| | | 单声道（不平衡） | 信号 | 屏蔽回线 | — | — | — |
| 五针 | 话筒 | 立体声（平衡） | 左通道信号 | 屏蔽 | 左通道回线 | 右通道信号 | 右通道回线 |
| | | 立体声（不平衡） | 左通道信号 | 屏蔽与回线 | | 右通道信号 | — |
| 五针 | 耳机话筒组 | 单声道 | — | — | 耳机信号 | 耳机回线 | 接至3 |
| | | 立体声 | | | 左侧耳机信号 | 耳机回线 | 右侧耳机信号 |
| 五针 | 头戴耳机 | 单声道 | — | — | 耳机信号 | 耳机回线 | 接至3 |
| | | 立体声 | | | 左侧耳机信号 | 耳机回线 | 右侧耳机信号 |
| 五针 | 电唱机和调谐器 | 单声道 | — | 屏蔽与回线 | 信号 | — | 接至3 |
| | | 立体声 | — | 屏蔽与回线 | 左通道信号 | 接至1 | 右通道信号 |
| 五针 | 放大器录/放 | 单声道 | 输出 | 屏蔽与回线 | 输入 | 接至1 | |
| | | 立体声 | 左通道输出 | 屏蔽与回线 | 左通道输入 | 右通道输出 | 右通道输入 |
| 五针 | 磁带录音机录/放 | 单声道 | 输入/录音 | 屏蔽与回线 | 输出放音 | 接至1 | 接至3 |
| | | 立体声 | 左通道输入（录音） | 屏蔽与回线 | 左通道输出（放音） | 右通道输入（录音） | 右通道输出（放音） |
| 五针 | 放大器到录音机 | 带屏蔽的直接连接 | 接点1至接点1 | 屏蔽与回线 | 接点3至接点3 | 接点4至接点4 | 接点5至接点5 |
| | 录音机到录音机 | 带屏蔽的立体像连接 | 接点1至接点3 | 屏蔽与回线 | 接点3至接点1 | 接点4至接点5 | 接点5至接点4 |

表6-2　二芯、三芯同心式连接器接点分配

| 应用 | | 接点号 | | |
| :---: | :---: | :---: | :---: | :---: |
| | | 1（端） | 2（套） | 3（环） |
| 扬声器 | | 信号 | 屏蔽与回线 | — |
| | 单声道系统 | 信号 | 屏蔽与回线 | |
| | 立体声系统 | 左通道信号 | 屏蔽与回线 | 右通道信号 |
| 头戴耳机 | 单声道系统 | 信号 | 屏蔽与回线 | — |
| | 立体声系统 | 左通道信号 | 屏蔽与回线 | 右通道信号 |

## 6.3.2　小三芯插头

小三芯插头包含两路独立的信号，一左一右，顶端是左声道的正极，中环是右声道的正极，外环是公用地线。一个大二芯插头的正极接小三芯插头左声道正极，另一个大二芯插头的正极接小三芯插头右声道正极，二者共用外环地线。

小三芯插头的制作步骤如下。

① 购买插头配件。市面上有这种焊线式的插头出售，其外壳可拆开，不是完全注塑的。注意插头电极的数量不要搞错，插头上有若干塑料环，电极数量比环的数量多一个。

② 用钳子剪断已经损坏的插头。一般来说如果确定是插头损坏，沿插头根部剪断即可，这样可以保留尽量长的导线。

③ 使用剥线钳将线头的绝缘外皮剥开约5mm，暴露出内部的金属导体。如果没有剥线钳，使用指甲刀、美工刀也可以。

耳机线材内部一般是漆包线，而不是塑胶绝缘层，对于漆包线，请使用砂纸打磨掉漆包线表面的绝缘漆，用小刀轻轻地刮也可以，但尽量不要使用火来烧灼，以免铜氧化影响焊接。

④ 电烙铁通电预热。普通电烙铁2～3min可达到焊接温度。

如果有松香的话，建议先将剥出的线头放入松香盒，使用电烙铁稍微加热一两秒钟使松香熔化粘在线头上。松香是一种助焊剂，可以改善金属的焊接性能，但请注意不要吸入松香加热时产生的烟雾。

⑤ 在线头上挂上焊锡。用烙铁头加热导线头，大约1s后加焊锡丝，看到焊锡完全浸润线头的铜丝后先撤焊锡，后撤电烙铁。

如果之前使用了松香的话，这个挂锡的过程会比较迅速，效果也会比较好。

⑥ 将焊线式插头的外壳穿入导线。千万别忘了这一步，否则等焊完才想起来的话就要返工了！

⑦ 按照顺序将导线焊接在插头上。

先将线头放在准备焊接的地方，然后用电烙铁加热，约1s后送焊锡丝，稍等几秒钟，看到焊锡完全熔化，并将线头和插头的金属片浸润成为一体时撤焊锡，撤电烙铁。

### 6.3.3　大三芯插头

焊接标准如下。

焊缝外观：焊缝外形均匀，焊道与焊道、焊道与基本金属之间过渡平滑，焊渣和飞溅物清除干净。

表面气孔：Ⅰ级、Ⅱ级焊缝（焊缝根据结构的重要性、荷载特性、焊缝形式、工作环境以及应力状态等情况分为Ⅰ级、Ⅱ级、Ⅲ级）不允许；Ⅲ级焊缝每50mm长度焊缝内允许直径 $\leqslant 0.4t$（$t$为连接处较薄的板厚）；气孔2个，气孔间距 $\leqslant 6$ 倍孔径。

咬边：Ⅰ级焊缝不允许。

Ⅱ级焊缝：咬边深度 $\leqslant 0.05t$，且 $\leqslant 0.5mm$，连续长度 $\leqslant 100mm$，且两侧咬边总长 $\leqslant 10\%$ 焊缝长度。

Ⅲ级焊缝：咬边深度 $\leqslant 0.1t$，且 $\leqslant 1mm$。

大三芯插头的线材制作方法从线材选择、剥线到焊接点粘锡和卡侬线的焊接是相同的。要注意的是在通常情况下大三芯插头的"1"为平衡信号"+"端（热端），"2"为平衡信号"–"端（冷端），"3"为平衡信号"屏蔽"端。

大三芯插头焊好后就要固定线材了，大三芯插头的线材固定卡是与屏蔽端连为一体的。具体方法是：用尖嘴钳将"固定卡"轻轻弯曲包裹住线材后，再用尖嘴钳将固定卡钳紧。因固定卡边缘比较锋利，固定线材时注意不要把各护套层扎破，以免形成短路及断路。

用同样的方法焊接线材的另一头。

### 6.3.4　BNC接头

制作同轴电缆BNC接头的标准作业流程：同轴电缆两端通过BNC接头连接T形BNC头，通过T形BNC头连接网卡，用同轴电缆组网需在同轴电缆两端制作BNC接头。BNC接头有压接式、组装式和焊接式，制作压接式BNC接头需要专用卡线钳和电工刀。压接式BNC接头制作步骤如下：

（1）剥线

同轴电缆由外向内分别为保护胶皮、金属屏蔽网线（接地屏蔽线）、乳白色透明绝缘层和芯线（信号线）。芯线由一根或几根铜线构成，金属屏蔽网线是由金属线编织的金属网，内外层导线之间用乳白色透明绝缘物填充，内外层导线保持同轴，故称为同轴电缆。剥线用小刀将同轴电缆外层保护胶皮剥去1.5cm，小心不要割伤金属屏蔽网线，再将芯线外的乳白色透明绝缘层剥去0.6cm，使芯线裸露。

（2）连接芯线

购回的BNC接头由BNC接头本体、屏蔽金属套筒、芯线插针组成。芯线插针用于连接同轴电缆芯线；剥好线后请将芯线插入芯线插针尾部的小孔中，用专用卡线钳前部的小槽用力夹一下，使芯线压紧在小孔中。

可以使用电烙铁焊接芯线与芯线插针，在芯线插针尾部的小孔中置入一点松香粉或中性焊剂后焊接。焊接时注意不要将焊锡流露在芯线插针外表面，否则会导致芯线插针报废。

注意：如果没有专用卡线钳可用电工钳代替，但需注意不要使芯线插针变形太大，并将芯线压紧以防止接触不良。

（3）装配BNC接头

连接好芯线后，先将屏蔽金属套筒套入同轴电缆，再将芯线插针从BNC接头本体尾部孔中向前插入，使芯线插针从前端向外伸出，最后将金属套筒前推，使套筒将外层金属屏蔽网线卡在BNC接头本体尾部的圆柱体内。

（4）压线

保持套筒与金属屏蔽网线接触良好，用卡线钳上的六边形卡口用力夹，使套筒形变为六边形。重复上述方法在同轴电缆另一端制作BNC接头即制作完成。使用前最好用万用表检查一下，断路和短路均会导致无法通信，还有可能损坏网卡或集线器。

注意：制作组装式BNC接头需使用小螺丝刀和电工钳，按前述方法剥线后，将芯线插入芯线固定孔，再用小螺丝刀固定芯线，外层金属屏蔽网线拧在一起，用电工钳固定在屏蔽网线固定套中，最后将尾部金属拧在BNC接头本体上。

制作焊接式BNC接头需使用电烙铁，按前述方法剥线后，只需用电烙铁将芯线和屏蔽线焊接在BNC头的焊接点上，套上硬塑料绝缘套和软塑料尾套即可。

① 通过产品的表面来看，镀层光亮细腻的为好，铜的纯度越高越光亮，有些产品外面光亮，却是铁质的。

② 吸铁石吸附测试，一般情况下只有卡口弹簧和尾部弹簧为带铁质材料；线夹、插针和套壳为铜质，其他部件为锌合金。

③ 刮开表面镀层看材质：通过刀片等利器刮开表面的镀层直观地看材质，例如通过刮开线夹、插针、屏蔽套筒镀层直观地对比产品材质。

④ 除了以上方法外，还可以备一个质量好的母头去试。

BNC连接器有50Ω和75Ω两个版本。

50Ω连接器和其他阻抗电缆连接时，传输出错的可能性较小。不同版本的连接器互相兼容，但如电缆阻抗不同，信号可能出现反射。通常BNC连接器可以使用在4GHz或2GHz。

75Ω连接器用于视频和DS3到电话公司中心局的连接，而50Ω连接器用于数据和射频传输。错误接在75Ω插座上的50Ω插头可能会损害插座。甚高频应用中使用75Ω连接器。

## 6.3.5 莲花接头

莲花接头的焊接标准：

① 将绕包的音频线最尾处（端头）去皮10mm。

② 将去皮10mm的音频线中的线绒部分清整掉（剪去）。

③ 将白色芯线去皮10mm并与屏蔽线相连（搓在一起形成一股线），并剪去6mm，红色线最尾处（端头）去皮1mm。

④ 将红色芯线和搓好的线股（白色芯线和屏蔽线）头端1mm处上锡（将莲花尾端的+、−极端口处上锡）。

⑤ 当莲花接头的两股上锡完毕后，将护环、护套一一套在准备焊接的线头上。

⑥ 焊接时先焊搓好的线股（白色芯线和屏蔽线）头端，再焊正极芯线（红色）。

 练习

1. 电烙铁和焊锡丝是线材制作不可缺少的工具。音频接插头内部多为塑胶绝缘材料，虽然具有一定的防高温特性，但为保证焊接的质量，电烙铁通常选择_____W功率的产品。

2. 视频插头通常分为莲花头和BNC头，视频线为单芯带屏蔽的结构，芯的护套较厚。焊接时只需将芯焊接在莲花头的"信号端"，屏蔽焊接在莲花头的_____ 就可以了。BNC头和莲花头的焊接方法是相同的，只是接口样式不同。

3. 专业音响系统中，"卡侬插头"这一名词经常遇到，但卡侬插头都有哪些规定呢？国际电工标准IEC 268-11和_____ 中分别介绍了两类不同排列方式的"卡侬"插件。其中又分为2针、3针、_____ 、5针等，两个标准规定的3针卡侬插件针脚排列相似，但接点的编号次序却有区别。

4. 大三芯插头焊接标准。

5. 莲花接头的焊接标准。

6. 卡侬头的焊接标准。

# 参 考 文 献

[1] GY/T 130—2010.有线电视系统用室外光缆技术要求和测量方法.
[2] 解相吾.数字音视频技术.北京：人民邮电出版社，2009.
[3] 谈新权.视频基础技术.武汉：华中科技大学出版社，2004.
[4] 柳云梅，袁林华.音视频电子产品制作.北京：机械工业出版社，2016.